AF474311

JOURNAL
D'UN VOYAGE
DANS
LA TURQUIE-D'ASIE
ET LA
PERSE,

FAIT en 1807 et 1808.

(par P.-A.-L. de Gardane)

A PARIS,

Chez LE NORMANT, Imprimeur-Libraire, rue des Prêtres St. Germain-l'Auxerrois, n.° 17.

A MARSEILLE,

Chez JEAN MOSSY, Imprimeur-Libraire, à la Canebière.

1809.

PRÉFACE
DE L'AUTEUR.

CE Journal est la simple narration d'un courrier : il marque la distance des lieux et la population. J'y joint un Vocabulaire en italien, turc et persan, et quoiqu'il ne soit pas complet, il comprend les mots les plus usuels, et peut servir à un voyageur. Le Prince Timurat-Mirza me l'a donné à mon passage à Tauris. Ce Seigneur georgien est catholique, âgé d'environ 45 ans, distingué par ses connaissances et son crédit à la Cour de Tauris.

P. S. Je ne sais pas les langues orientales, et je n'ai pris aucune part à l'impression du Vocabulaire. C'est M.r Mossy qui a eu soin de le mettre en ordre.

Pag. 9, *dern. l., Kaza-han ; — Hazu-han.*

Pag. 50, *l.* 22, *dans. — Pendant.*

Pag. 55, *l.* 10, *les mêmes faveurs. — La même faveur.*

Vocabulaire Italien, Persan et Turc.

Pag. 22, *l.* 17, *Del Signore, — Dal Signore.*

JOURNAL
D'UN VOYAGE
DANS
LA TURQUIE-D'ASIE ET LA PERSE,
FAIT en 1807 et 1808.

LE 10 Septembre 1807, la Légation Française part de Scutari : elle est composée du Général de Gardane, Aide de Camp de S. M. I. et R., et son Ministre plénipotentiaire en Perse. De MM.

Ange de Gardane, Joseph Rousseau, * Felix Lajard.	*Secrétaires de Légation.*

Joseph Jouannin, premier Drogman,
Auguste de Nerciat, second Drogman.

---

* M. Rousseau, partit de Bagdad.

A

Officiers:

Hilarion Truillier *, Capitaine du Génie,
Lamy, *idem.*
Auguste Bontems-Lefort, *idem.*
Bianchi Dadda, *idem.*
Verdier, Capitaine d'Infanterie.
Trezel, Capitaine Ingénieur-Géographe.
Bernard, Lieutenant Ingénieur-Géographe.
Fabvier, Lieutenant d'Artillerie.
Reboul, *idem.*
Pépin, Capitaine de Cavalerie.
Finot, Maréchal, Damron, Sous-Officiers d'Infanterie.
Salvatori, premier Médecin.
B°. de Boisson, Escalon, Dupré, Préau, Martin, } *Attachés à la Légation.*
Damade et Marcopoli, Missionnaires.

Nous voici en Asie. Dans cette partie du monde, tout est nouveau, la nature et les mœurs. Pour voyager avec fruit, il faudrait avoir dans sa tête l'Histoire sainte et profane,

* MM. Truillier, Trezel, Dupré, ont pris une autre route. MM. Bontems et de Nerciat étaient déjà en Perse.

ancienne et moderne. Tous les soirs j'écrirai ce que j'aurai remarqué dans la journée, et ce qui nous sera arrivé. Que de choses m'échapperont! Quelquefois un hasard heureux pourra me faire rencontrer ce qu'un autre n'aura pas cherché. Dans les voyages, la variété des objets amuse : je sens qu'un travail aussi rapide que le mien, pour être lu avec quelque indulgence, a besoin d'avoir été écrit en Asie.

Hadgi Ibrahim Aga, est notre Min-mandar, c'est-à-dire, chargé par la Porte de nous accompagner. Il a 38 ans, beaucoup d'activité; il a été envoyé en courrier à St. Pétersbourg, et ensuite à Bombay. Dans la dernière guerre avec l'Autriche il fut fait prisonnier, et apprit l'allemand; il sait aussi un peu de latin.

La politesse, le désir commun de bien servir notre Souverain, et ensuite l'amitié unirent toutes les personnes de la Légation.

Les environs de Scutari sont cultivés, et produisent une grande quantité de blé barbu. Le chemin paraît être un ouvrage du Bas-Empire que les génois ont réparé.

Cinq heures de caravane de Scutari à Caetachi : 600 maisons. Je ne sais pas ce qu'étaient autrefois les caravanserais; ce sont maintenant des écuries en ruine où l'on est à peine à l'abri des injures du temps.

Ce qu'on rencontre avec plaisir ce sont, de distance en distance, des fontaines bien bâties et même ornées. Quelle utilité et quel agrément dans ces pays où il faut voyager en caravane, c'est-à-dire, lentement et à cheval! Le matin, après trois ou quatre heures de marche, nous faisons halte à une fontaine pour déjeûner : étendus à l'ombre, et nos chevaux répandus dans la campagne font paysage. J'ai beaucoup entendu vanter les fruits d'Asie, jusqu'à présent ils ne valent pas les nôtres. Les turcs ne connaissent pas l'art et la culture, qui diversifient et améliorent les qualités. Je commence à peine mon voyage, et je sens le désagrément de ne pas savoir le turc. On ne peut trop répéter aux jeunes gens qui veulent voyager avec fruit, d'étudier les langues étrangères. Quel tourment de ne pouvoir pas soi-même exprimer sa pensée, et d'être privé du plaisir de la société des peuples chez qui l'on passe. Mettons à profit la peine et l'argent que coûtent les voyages.

Nous entrons dans le royaume de Mithridate, l'ancienne Bythinie ; six heures de Caetachi à Giébigé ; 1000 maisons ; on passe à

Pentic, l'ancienne Penticapeum : des vignes aux environs, peu de population.

Onze heures et quart de Giébigé à Ismith ou Nicomédie : 5300 maisons sur la rivière d'Ismith. Débris d'un palais de Maximilien; on voit le tombeau d'Annibal dans cette ville. Visite au Pacha : un pendu et un décapité étendus sur le seuil de sa porte.

La crainte du Pacha d'Amasis, révolté, nous fait prendre une route moins directe et moins fréquentée.

Neuf heures et demie de Nicomédie à Karamussal : 300 maisons. Culture de melons et coignassiers qu'on transporte à Constantinople. Ni grecs ni arméniens dans ce bourg.

Sept heures et demie de Karamussal à Krisdervent : 150 maisons. Colonie de Bulgares, qui font un commerce de chanvre et de soie. On passe par le village de Poialidiya sur le lac poissonneux de Tchinikit, qui a huit lieues de long et deux de large, et rend annuellement 1200 ducats au Grand-Seigneur.

Six heures et demie de Krisdervent à Isnik ou Nicée : 225 maisons. Le chemin est difficile, et coupé par plusieurs torrens : cette ville où se tint le premier Concile général, après celui de Jérusalem, a été prise et reprise sept fois par les chrétiens. Il y a près de 500 ans que les turcs ont conquis ce pays ; l'air y est mal-sain. L'enceinte était fortifiée par 360 tours, il n'y a plus que 4 maisons grecques ; quantité de grenadiers et de figuiers ; à la porte d'une Mosquée, colonne d'un beau vert : arc de triomphe bien conservé. Dans l'Église grecque, nous avons vu avec vénération le trône de Constantin, qui est en pierre. Quand St. Grégoire arriva dans cette ville, il n'y avait que 14 catholiques : à sa mort il n'y avait que le même nombre qui ne le fût pas.

Quatorze heures de Nicée à Ak-seraio : 150 maisons. On traverse la belle vallée d'Azar qui renferme trente villages, dont le chef s'appelle Bula-ban-kadé : ce gouvernement est héréditaire dans sa famille. Culture du coton : deux piastres le lock, 45 piastres le quintal. Le genièvre vient en abondance, de même que la plante huileuse du sésame.

Quatre heures de Ak-seraio à Géivé, sur la rivière de Sacharia : 400 maisons ; un Aga commande. Commerce de planches, de soie, de coton, de blé, d'orge et de sésame.

Sept heures et demie de Géivé à Terachli : 400 maisons. Le nom indique le commerce de peignes et de cuillers de bois.

Huit heures de Terachli à Torbali, 700 maisons. Commerce de blé et de sacs. *Torbali, ville des sacs.*

Dix heures de Torbali à Kiostébé : 45 maisons. Avant d'arriver un rocher escarpé coupe le chemin.

Neuf heures de Kiostébé à Naté-khan, sur le ruisseau du même nom : 300 maisons. La vallée figure un fer à cheval. Commerce de riz, blé, soie, eau-de-vie : 100 maisons arméniennes.

Six heures et demie de Naté-khan à Sevri-hissar : 60 maisons. Sevri-hissar, signifie *blanc* et *gris*. Les montagnes arides qui environnent cette ville, présentent ces couleurs, et semblent partagées en couches. On fabrique des tapis : on teint la laine sur les lieux : grande quantité de fruits.

Sept heures un quart de Sevri-hissar à Bey-bazar : 1000 maisons. Plaine autour de la ville, traversée par le ruisseau Aladage, qui va se jeter dans le Sacharia. On récolte jusqu'à 4000 quintaux de riz : point de bois : il faut le chercher à cinq heures de distance.

Nos Aumôniers parlent turc, et nous servent quelquefois d'interprètes auprès des Pachas et des Agas : ils rendent journellement beaucoup de services à la Légation, ils supportent fort bien les fatigues et les privations du voyage ; ils sont sans crainte, toujours contens, disposés à obliger et excuser tout le monde. Gardons nos affaires, nos ennuis et notre importance, et laissons-leur cette simplicité et cette heureuse paix qui font le bonheur. Mr de Châteaubriand, inspiré par le génie du christianisme, a chanté sa gloire, ses bienfaits, ses beautés poétiques et morales, il a converti les sages du monde.

Onze heures de Bey-bazar à Aïas, sur la rivière du même nom : 600 maisons. Mines d'argent et de cuivre ; on exporte mille bœufs par an. Le pays produit du coton et du riz, et nourrit 45000 chèvres. Commerce de poil de chèvres.

Douze heures d'Aïas à Angora, ou Ancyre sur la rivière de Tabana : 6000 maisons. Mr de Tournefort a décrit exactement le Prétoire romain, la colonne de Pompée et quelques inscriptions grecques. Commerce de poil de chèvres et fabrication de camelots. Le vin des environs est bon ; on compte neuf mille catholiques. En 1780, M.[r] de St. Priest avait envoyé à Angora, Dom Sergio Persici, pour Aumônier des Négocians français ; mais il n'y a plus de français à Angora, et les catholiques sont souvent obligés de se cacher. Pour enterrer une pauvre femme on a exigé d'eux 250 piastres.

Dix heures d'Angora à Haïri-kieuï : 280 maisons. La plaine nourrit 10000 chèvres, dont le poil se porte à Angora, et de-là à Smyrne. Près de la Mosquée, on voit une pierre sur laquelle sont sculptées des fleurs de lys et une croix.

Dix heures de Haïri-kieuï à Haza-han, sur la rivière de Kisil-simak : 160 maisons. Kisil signifie filer ; les habitans filent et vendent leur coton ; la plupart ont mal aux yeux. Avant d'arriver à la rivière de Kisil-simak, on traverse des montagnes métalliques. Vous êtes ébloui par la réverbération du soleil sur ces pierres brillantes de fer et de plomb.

Nous commençons de connaître le caractère simple et bon de l'ancien asiatique. Les habitans d'Haza-han apprennent que deux personnes de notre caravane sont égarées ; de suite par un pur mouvement de bonté, sans y être invités, ils envoyèrent dans tous les environs des hommes armés pour faire des recherches.

Sept heures de Kaza-han à Baletcheuk, sur

la rivière de Korousu : 260 maisons. Les habitans font des sacs avec le poil de chèvre ; ils nourrissent des jumens et vendent de jeunes chevaux, depuis 700 jusqu'à 1000 piastres.

Chapan-Oglou, Souverain de la contrée, vient trois ou quatre fois par an visiter ce village, et chaque fois se fait payer trente piastres par chaque habitant : l'argent y est si rare que pour emprunter on paye cent pour cent. On trouve dans ce lieu beaucoup de médailles du Bas-Empire.

Nous rencontrons des peuples nomades et pasteurs qui errent avec leurs troupeaux dans une espèce d'indépendance. On fait route par un chemin ondulé et au milieu de terres fertiles. Le blé rend dix-sept pour un.

Neuf heures de Baletcheuk à Katib-ounou : 60 maisons. Le village est commandé par un Aga étranger, ce qui est rare. On estime beaucoup leur race de chevaux qui se nourrissent près de la rivière de Délizé.

Quinze heures et demie de Katib-ounou à Jeuzgatt, résidence de Chapan-Oglou, prince craint et aimé, et qui a succédé à son père. Il a dix enfans : son palais est beau : une longue galerie précède la salle où il nous a reçus ; il est âgé d'environ 54 ans ; sa cour est nombreuse et magnifique ; sa domination s'étend jusqu'à Tocat et Césarée. Deux de ses fils sont Pachas ; il peut avoir quarante mille hommes de cavalerie, et mille chevaux dans son écurie. On n'estime les chevaux que par le temps qu'ils galopent. Jeuzgatt a 3000 habitans, dont dix catholiques. Les fruits et les grains sont abondans.

Six heures de Jeuzgatt à Dichligé : 60 maisons. A l'entrée de la nuit un orage nous surprend et nous disperse ; heureusement l'Ambassadeur persan qui nous précède fait allumer des feux, envoie du monde, et avant minuit nous sommes réunis. Le Cadi et les habitans hospitaliers nous reçoivent fort bien, nous donnent des légumes et des vivres, sans vouloir accepter de l'argent. Depuis Scutari nous n'avions pas vu un nuage sur l'azur du beau ciel d'Asie, brillant de mille feux. Il n'est pas difficile de croire, qu'en le fixant, les bergers ravis d'admiration, étudièrent les premiers la marche des astres. *

---

* Il n'y a jamais eu d'Astronome athée, disait M. de St. Jacques, de Marseille, distingué par ses connaissances astronomiques et ses vertus. Il a fait un Traité sur les variations célestes. Sa correspondance avec d'Alembert et Euler est connue. Il avait

Six heures de Dichligé à Sour-koun : 100 maisons et une Mosquée qui est belle, au moins extérieurement. Temps couvert et pluie.

Neuf heures un quart à Haggi-kieuï : 100 maisons. Les habitans sont obligés de porter chaque année une quantité déterminée de bois et de paille à Chapan-Oglou, leur prince. Ils ne peuvent pas vendre leurs chevaux, et sont obligés de les garder pour les voyageurs, auxquels ils fournissent aussi des vivres : ils n'ont à eux que quelques vaches et des brebis. Le village est situé dans des montagnes couvertes de petits chênes.

Neuf heures et demie de Haggi-kieuï à Kisilgik, sur un ruisseau de même nom : 50 maisons. La route est dans un bois de chênes où l'on trouve une grande quantité de sangliers et

---

l'habitude singulière d'écrire debout, toujours sans rature. Dans une chambre obscure, la tête appuyée sur les mains, il résolvait les problèmes les plus difficiles. Au commencement de la révolution, on lui fit des propositions pour l'engager à se fixer en Angleterre, il refusa. L'amour de la patrie le décida ; il a laissé un Ouvrage sur les rapports du corps à l'ame, et de l'ame à Dieu ; mais cette dernière partie n'est pas finie. Il mourut en 1801, âgé de 82 ans.

de loups. Le 5 Octobre, vue d'une Comète pendant quelques jours.

Neuf heures de Kisilgik à Bazar-kieuï, 500 maisons. Ici commence le pays des Turcomans: on voit sur la droite Kilé qui a 10,000 maisons et un fort avec 150 maisons. On fait dans ce pays d'excellent vin cuit. On cultive le tabac pour éloigner les mouches à miel. Bazar-kieuï est à quatre journées du Fort-Sanson, sur la Mer noire; en sortant de cette ville on voit un *Tumulus*.

Sept heures de Bazar-kieuï à Tocat, sur la rivière de Kisil-mach : 3,300 maisons. La ville est dans une belle vallée et l'aspect du pays est agréable. Dans les villages des environs, les habitans sont vêtus comme les anciens patriarches, et comme eux hospitaliers. Ils s'empressent de vous offrir leurs maisons et la nourriture, et sont fort étonnés quand on leur offre de l'argent. Sur le pic d'un rocher escarpé qui domine la ville est un Fort très-ancien où sont quelques troupes, et qui a renfermé quinze français faits prisonniers en Egypte. Il y a 1000 catholiques arméniens. On fabrique des indiennes, mais le commerce principal est la vente de 500,000 okes d'étain, et d'une quantité considérable de cuivre. (L'oke pèse 2 liv. $\frac{1}{2}$, poids de marc.) Cette ville est un entrepôt pour les marchandises de Smyrne, qui se dispersent ensuite à Erzerum, Césarée et Mozul. A une lieue, est une chapelle en ruine où prêchait St. Jean Chrysostôme ; on dit qu'il y est mort.

Nous rentrons dans la route ordinaire.

Onze heures et demie de Tocat à Néocésarée ou Niksar : 1100 maisons. Cette ville rappelle l'Épiscopat de St. Grégoire Thaumaturge. Commerce de soie et de riz. Montagnes couvertes de chênes, de platanes et de noisetiers, et entrecoupées de ravins.

Douze heures un quart de Néocésarée à Irman-kieuï : 120 maisons. Les habitans ont de beaux chevaux ; pour arriver dans ce bourg, on est près de neuf heures dans l'obscurité des bois. Dans quelques endroits ils sont si épais que le soleil n'y pénètre pas. On y voit une grande quantité d'arbres fruitiers sauvages, pommiers, pruniers, poiriers, etc. Des ifs, des hêtres, de superbes chênes. Les turcs ne coupent que ceux qui sont au bord du chemin, les autres tombent de vétusté, en énormes quartiers.

Six heures et demie de Irman-kieuï à Krisgeuzerler : 60 maisons. Vallée couverte d'arbres fruitiers sauvages, de troupeaux de jumens. Le pays produit du blé et de l'orge. Je me répète souvent, mais la nature et les objets se répètent. Le 12 Octobre 1807, il y avait un pied de neige.

Huit heures de Kris-geuzerler à Mellem : 80 maisons. Générosité des habitans qui nous fournissent avec plaisir le logement et les vivres.

Dix heures de Mellem à Kulley-hissar, sur la rivière de même nom, avec un pont : 60 maisons. Nous avons été tout le jour dans la neige et dans les bois. Une forteresse sur une montagne, domine le village qui est environné de jardins et de vignes : le blé manque. Les habitans ont la réputation d'être voleurs ; cependant nous arrivons chez eux mouillés, nous faisons sécher nos habits, et dans ce désordre aucun effet ne manque.

Dix heures de Kulley-hissar à Andéres ; 140 maisons. Le chemin est difficile, il passe sans détour dans des montagnes élevées, au haut desquelles il faut gravir. Le reflet du soleil sur les parties métalliques qu'elles renferment, produit un coup d'œil magnifique, On trouve beaucoup de perdrix grises, une quantité de pies, de moineaux, de bergerettes : ces oiseaux sont communs. A Andéros, Issouf-pacha a une belle maison de plaisance ; tout annonce l'abondance et la fertilité. Des jardins arrosés et un grand nombre d'arbres fruitiers, surtout d'abricotiers dont on fait sécher le fruit qui se mange en hiver, cuit simplement dans l'eau. Les habitans payent de forts impôts. L'officier chargé par la Porte de nous accompagner emploie souvent le bâton ou le fouet pour se faire obéir. Le peuple est paresseux.

Neuf heures et demie d'Andéres à Karahissar (rocher noir) : 2200 maisons. Pour y arriver, on passe la rivière de Kelgui sur un pont qui s'appuie sur des rochers, dont la cime élevée semble prête à écraser le pont ; ce passage effraie. L'alun qui se trouve abondamment dans ces montagnes est porté à Constantinople, à Smyrne et à Alep, et forme la branche principale du commerce. Le Pacha tire de cette exportation 100,000 piastres. Les habitans fabriquent des indiennes et font des confitures estimées. Ils manquent de blé ; leurs draps viennent de Smyrne. La ville est bâtie sur le penchant d'une montagne, sur le sommet de laquelle est une forteresse construite, dit-on, il y a 7 à 800 ans : elle paraît bâtie par les génois. La porte est doublée de

fer,

fer, et sur le haut on voit un aigle à deux têtes comme l'aigle impériale d'Autriche. Le chemin qui conduit à ce Fort, est assez beau pour faire monter de l'artillerie, jusqu'à une portée de pistolet : on trouve ensuite des marches.

Seize Octobre. Huit heures de Karahissar à Ziel : 20 maisons sous terre. On loge à côté des animaux : dans tous les environs le sol est brillant : on traverse des montagnes métalliques, dont une s'appelle montagne des infidèles.

Treize heures de Ziel à Sabactair : 20 maisons. Le chemin n'est plus dans les montagnes, mais sur des collines couvertes de pins et de tuyas. On rencontre Ouzan et quelques villages peu considérables, dont les maisons sont éparses et sous terre. Dans ces habitations obscures et mal-saines, où l'on est avec les vaches et les chevaux, on s'éclaire la nuit avec des morceaux de bois résineux, et c'est à cette lumière que j'écris mon Journal.

Sept heures de Sabactair à Kerkif : 120 maisons. On traverse des champs stériles pour arriver à ce bourg dont les environs sont cependant labourés. Nous avons vu semer de l'orge : les terres payent le cinquième du revenu, et chaque maison 300 piastres par an.

Dix-neuf Octobre. Onze heures de Kerkif à Lori : 100 maisons. Immense plaine bien cultivée. Après avoir traversé la rivière de Sachdac, on monte et on descend une montagne couverte de neige pour arriver à ce bourg qui est à quatre journées de caravane de Trébisonde. Nous en sortons à peine que l'Ambassadeur de Perse avec qui nous voyageons fait courir ses gens après nous pour demander du secours. Une dispute s'était élevée pour des chevaux de poste, entre les habitans et ses domestiques dont trois avaient été blessés. Le Général ordonne que le Mih-mandar et un Officier se rendent au village, tandis que les autres militaires, sans entrer, se tiendront à portée pour en imposer. L'ordre n'est pas bien entendu, et les officiers entrent tous dans ce village. Leur présence et leur conduite prudente appaisent cette émeute, et pour donner satisfaction à l'Ambassadeur Persan, l'Aga promet de faire arrêter les coupables et de les envoyer à Erzerum.

Nous continuons notre route, et nous appercevons sur les hauteurs une troupe nombreuse de Curdes qui cherchent à piller notre Caravane. Le bon ordre de notre marche leur en impose : quelques jours auparavant ils avaient été plus heureux. Ces voleurs de profession, originaires du Curdistan, errent sur les montagnes désertes de la Turquie.

A quelques lieues de Trébisonde du côté de Lori, est une montagne appellée Maison d'argent. On suppose une mine d'argent dans ce lieu, nommé Guiuruch-qhana.

Cinq heures de Lori à Tolos : 35 maisons dans ce hameau. Commerce de chevaux : ils se vendent jusqu'à 1500 piastres : leur qualité est recherchée. Les habitans payent 100 piastres par an à Issouf-Pacha. L'Ambassadeur de Perse traîne après lui deux ou trois femmes qu'il a achetées à Constantinople, et qui après avoir été sept à huit heures à cheval font la cuisine en arrivant. Les femmes en Turquie condamnées à l'esclavage le plus humiliant, renfermées dans un Sérail ou Harem, ne connaissent ni les douceurs de la société, ni la félicité d'être épouses. Que de réflexions fait naître cette condition comparée avec celle des femmes dans notre religion. L'état du mariage, grand chez les Patriarches, béni à l'autel, honoré dans la société fait partager à la femme la considération et le bonheur du mari.

Six heures de Tolos à Pékerick ; 65 maisons. On traverse le Karasou. Le pays est nud : c'est un désert : pas un arbre. Les habitans ne brûlent que de la bouze, et sont souvent rançonnés par le Pacha. Le porphyre entre dans la bâtisse des maisons. Dans les environs, des mines de sel. A 12 lieues au sud, Ikéréan, ville aussi grande qu'Erzerum ; à 3 lieues à droite, la mine de cuivre de Maïran où travaillent six cents hommes. On y fait des marmites, des tables basses pour manger.

Douze heures et demie de Pékerick à Ascala : * 100 maisons. Nous traversons au milieu de la route un bras de l'Euphrate ; le chemin suit son cours. Les montagnes sans aucun arbuste : nulle végétation. Des roches de marbre blanc qui indiquent de vastes carrières.

Vingt-trois Octobre, neige avec un vent très-froid. Huit heures d'Ascala à Elcdgia : 72 maisons. On a beaucoup de peine à y trouver un logement. Les habitans ferment leurs por-

* La plupart des villages bâtis sur la pente des montagnes portent ce nom. Les maisons sont des trous sous terre, qui ressemblent à nos caves.

tés et se réunissent sur les terrasses des maisons. Nos manières honnêtes nous les concilient, et ils nous donnent l'hospitalité dans leurs habitations souterraines. Eledgia, signifie santé. Source d'eau chaude au 34.e degré du thermomètre de Réaumur. Quoique le temps fût très-froid, nous trouvâmes un turc dans l'eau jusqu'au cou; il faut être très-fort pour passer sans danger d'un froid vif à une si grande chaleur. C'est dans les plaines d'Eledgia que Pompée rencontra Mithridate qu'il défit.

Sept heures d'Eledgia à Erzerum: 130,000 habitans, dont cinq cents arméniens catholiques. Nous trouvons une escorte de 25 cavaliers commandés par un Officier qui présente, de la part d'Issouf-Pacha, aux Ambassadeurs de France et de Perse un cheval couvert d'une housse brodée en or et en perles, pour faire leur entrée dans la ville. Malgré un vent de nord très-froid, l'Ambassadeur Persan veut par dignité faire la route au pas. Erzerum est mal bâti, et les rues sont fort sales; on voit sur les remparts une maison en ruine, qui servait pour les lépreux. Dans ce moment la peste ravage la ville: il meurt vingt à vingt-cinq personnes par jour. Isouf-

Pacha passe 65 ans : il a été Grand-Visir, a commandé l'Armée contre le Général Kléber, et n'est de retour de l'armée contre les russes que depuis quelques jours. Il nous a envoyé des chevaux pour nous rendre dans son palais qui est vaste, mais sans aucune décoration d'architecture. Après nous avoir fait présenter les pipes, le café, le sorbet et les confitures, il nous a parlé de la dernière campagne contre les russes. * Il nous parle avec admiration de l'Empereur, qu'il surnomme cœur de lion. Issouf-Pacha a toujours été en faveur : ce qui est rare en Turquie. Un de ses pages, jouant avec lui au Dgyrid ** lui creva un œil, le Prince l'a éloigné, mais lui a fait du bien. Nous dînons chez lui : les plats ne font que paraître sur la table, et heureusement, car il y en a une quantité innombrable. Après le dîner, on passe dans un appartement qui donne sur une vaste cour, dans laquelle la cavale-

---

* Il a fait couper la tête au Pacha de Kars, dont les dépêches à l'ennemi avaient été interceptées.

** C'est un bâton que vous jetez, ou que vous cherchez à parer. Les joueurs armés de boucliers sont à cheval et galopent.

rie fait la petite guerre. Le canon tire, ensuite quelques cavaliers font admirer leur adresse au jeu du Dgyrid. C'est pour nous l'image d'un Tournois Un peuple nombreux entoure la lice et prend part à cette fête. L'Ambassadeur Français présente au Pacha des pistolets de Versailles et le portrait de l'Empereur, par Andrieux. Sur-le-champ le Pacha ordonne de faire faire une chaîne d'or pour le suspendre dans son appartement. Le Prince a soin de demander les noms des personnes qui sont avec l'Ambassadeur, et il envoie à chacun un cheval; celui du Général était richement harnaché. Le lendemain nous montons à cheval pour aller prendre congé d'Issouf-Pacha : il nous reçoit hors la ville dans une tente, dont le pavillon est superbement brodé. Des tapis, des coussins brodés en or et en argent, des brocarts tout autour. Il fait exécuter en grand tous les exercices militaires de la veille; mais ce qui nous surprend et nous amuse, est une feinte attaque de notre tente. Des cavaliers tartares, le sabre nud aux dents, le regard menaçant, courent au grand galop sur la tente, et font feu avec leurs carabines, et les gardes du Pacha semblent vouloir se défendre. Issouf-Pacha est monté ensuite à cheval, et nous a montrés son adresse au Dgyrid ; malgré son âge il jete fort bien son bâton et ne manque pas son coup. Il ordonne que l'Ambassade soit défrayée dans tout le pays qui lui est soumis.

Vingt-sept Octobre. Cinq heures un quart d'Erzerum à Alvar : 50 maisons. La route est dans une vallée dont une partie produit du blé, et l'autre est inculte. Les habitans sont riches en troupeaux de buffles. Alvar est auprès de la ville de Hassan-kalé dont le Fort a été construit par les chrétiens. Les turcs le croient imprenable ; il a douze pièces de canon.

Sept heures d'Alvar à Hiahan : 60 maisons. On passe l'Araxe. Ce fleuve et l'Euphrate prennent leurs sources sur le mont Beingeul en Arménie, et coulent l'un au levant et l'autre au midi, comme du St. Gothard sortent le Rhin et le Rhône qui prennent un cours opposé. Deux heures après notre arrivée, nous apprenons que la peste est dans ce bourg et aux environs. Le Général ordonne de bivouacquer hors la ville, dans une plaine. Les turcs voient en riant notre précaution, et s'en mocquent. A l'entrée de la nuit on fait allumer des feux pour ceux qui n'ont pu trouver place sous la tente.

L'Officier français connaît tous les genres de sacrifices et de dévouement. Un de ces Messieurs craint d'avoir la peste, et surtout de la communiquer. Malgré les invitations de ses camarades et du Général, il passe la nuit en plein champ, exposé à un froid rigoureux qui lui donne la fièvre. Le nommer, sera peut-être blesser sa modestie; mais je ne puis taire son nom, c'est Mr Reboul, Lieutenant d'Artillerie.

Il y a dans la contrée plusieurs carrières de marbre blanc, veiné de verd. En sortant des villages vous êtes vexé par tous les gens qui peuvent vous avoir rendu le plus léger service. Ils vous demandent le bachi, c'est-à-dire, l'étrenne. J'ai vu des officiers turcs l'accepter : il ne faut pas pour cela accuser leur délicatesse : l'usage et les mœurs expliquent tout.

Dix heures et demie de Hiahan à Délibaba : 120 maisons. Nous sommes obligés de nous arrêter un jour, à cause des Curdes. Ce peuple voleur en voulait à notre caravane. La crainte de la peste ajoute au désagrément de notre position. Les champs sont cultivés, mais point d'arbres. Je n'en ai vu que trois. L'eau est rare : avec un canal on pourrait détourner l'Araxe.

Seize heures de Délibaba à Topra-calé : 500 maisons. Château de terre qui sert aux habitans à cacher leurs effets précieux quand ils sont attaqués par les turcs, et ils s'y défendent. Dans cette route de 16 heures, dans le pays le plus triste de la nature, nous n'avons trouvé qu'un village et un filet d'eau qui sortait d'un rocher.

Huit heures de Topra-calé à Jungelli : 120 maisons. Aujourd'hui le pays change d'aspect ; les montagnes s'éloignent et se perdent dans l'horison. Ce sont de belles plaines coupées par de nombreux ruisseaux et couvertes de villages. On en rencontre trois catholiques dont le peuple paraît heureux. On voit beaucoup de pigeons, d'outardes, de canards, hérons, grues, milans.

Douze heures un quart de Jungelli à Diadem : 600 maisons. Il y a un Bey qui est dans un Fort. De distance en distance, sur la route, on voit de petits carrés en bâtisse. Ce sont des avant-postes pour les paysans contre les Curdes qui répandent la terreur dans tout le pays. Les villages sont pillés et ruinés : les habitans, hommes et femmes, sont obligés de fuir presque nuds.

Nous passons auprès d'une Abbaye Arméniene attaquée par les Curdes. Les religieux se défendaient du haut des bastions de leur enceinte. Le premier sentiment, celui de secourir des hommes en danger, nous entraîne. Nous allons au galop vers l'Abbaye. Les religieux effrayés nous prennent pour un renfort de Curdes et font feu sur nous : heureusement personne n'est atteint. Les véritables Curdes se dissipent à notre approche. Notre Min-mandar qui parle arménien, se fait comprendre ; on nous ouvre les portes du Monastère. Nous trouvons dans la première cour une centaine de religieux armés de leurs carabines. Ce spectacle était bien nouveau pour nous. Le Monastère a été bâti par le prince Héraclius de Georgie. L'Église est d'une architecture gothique, mais noble et d'une grande richesse.

Nous découvrons le Mont Ararat où se reposa l'Arche : une éternelle neige couvre son sommet sur lequel pesent les nuages, et qui, selon une ancienne tradition, est inaccessible. Tournefort assure qu'aucun voyageur n'y est monté. Les turcs et les persans vont plus loin:

ils disent qu'on ne peut parvenir qu'à une certaine hauteur, et que des voyageurs, après s'être endormis aux trois quarts de la montagne, se sont réveillés au pied.

L'Ambassadeur a l'idée d'élever un monument à l'Empereur. Il fait graver sur une pierre, du côté de la Perse, le nom de NAPOLÉON, et laisse des monnaies d'or et d'argent à son effigie. Au pied de cette montagne est l'Abbaye d'Etzmiatzin : on l'appelle en turc Utchklisia. Les russes dans la campagne de 1805, s'emparèrent d'Etzmiatzin, et pillèrent l'Église, le trésor et la bibliothèque. Les persans qui vinrent ensuite firent des cartouches avec les livres, et fondirent les caractères de l'Imprimerie pour faire des balles. *

Avec cette lune a commencé le Ramasan. L'Ambassadeur Persan s'arrête souvent et prie tout haut en se tournant vers la Mecque. Il observe et fait observer de ne point manger depuis le lever du soleil jusqu'au coucher.

Onze heures de Diadem à Bagasied : 3000 maisons. Cette ville frontière de la Turquie, est la résidence d'un Pacha à deux queues.

* Extrait d'une note de M. Jouannin, premier Drogman.

Elle a des manufactures d'indiennes; elle est bâtie sur une hauteur, et on découvre quelques jardins aux environs, ce qui fait plaisir quand on vient de faire cinquante lieues sans voir aucun arbre. Le prunier est le plus commun. Le bled, l'orge et le millet sont les productions. Le Pacha envoie une escorte de cavalerie au-devant de l'Ambassadeur qui lui fait une visite vers les neuf heures du soir. C'était pour lui l'heure la plus convenable, parce que dans le Ramasan, le soleil couché, les Grands fument, boivent le café et mangent. Pour ne pas sentir ces privations, ils dorment dans le jour. C'est dans le Fort de cette ville que M.r Joubert, connu par son voyage en Perse et ses connaissances dans les langues orientales, a été enfermé huit mois.

Le Pacha actuel est le fils de celui qui fit arrêter M.r Joubert. Son palais est une Forteresse bâtie sur un rocher qui domine la ville. Il faut monter long-temps pour y arriver. Ibrahim nous reçut dans une longue galerie bordée d'une double haie de soldats, et mal éclairée par trois grands candelabres. Le silence, la lumière sombre de cette vaste salle, ces soldats sous les armes, nous étonnèrent.

Après les complimens d'usage, on présente le sorbet, la confiture et le café. L'Ambassadeur fait agréer au Pacha un portrait de l'Empereur et le bulletin, traduit en turc, de la bataille de Jéna.

Huit heures de Bagasied à Arabe-Dalési; 50 maisons. Avant d'arriver on trouve Clissa, dont le nom vient apparemment des ruines d'une Église grecque; c'est le premier village persan. Une garde persane vient au-devant de nous. Nous voilà dans la patrie des anciens Parthes. Les médailles nous représentent Cyrus, Darius et son vainqueur Alexandre. Quand Rome dominait le monde, son Consul Crassus était vaincu par les perses. Strabon, Plutarque, Hérodote, Arrien surtout, Quinte-Curce, Xénophon, Hippocrate ont parlé de ce pays. Dans le dix-septième siècle, je crois en 1611, le Père Pacifique, Capucin et Missionnaire, vint à Ispahan, fut bien accueilli par le Roi qui lui remit une lettre d'amitié pour Louis XIII. Ce Père fit en quarante jours, sur un âne que le Roi lui avait donné, le trajet d'Ispahan à Alep, s'embarqua à Alexandrette, vint débarquer à Marseille, et fut trouver Louis XIII en Languedoc. C'est ce Missionnaire qui a ouvert nos premières relations politiques avec la Perse. Ceux qui voudront connaître cet Empire, liront Olearius, Tavernier, Chardin, Forster, Jones dans l'histoire de Thamas-Koulikan, traduite du persan, le colonel Renel, Otter, Figuieroa, Jean Delaet, La Mamje-Clairac, l'histoire composée en 1730 sur les Mémoires de M.rs de Gardane, Bruyere et Olivier. Le public attend impatiemment l'ouvrage de M.r de Sacy, traduit du persan.

Continuons notre Journal.

Arrivés à Arabe-Dalési, nous nous félicitons mutuellement. On présente à l'Ambassadeur une provision considérable de fruits et des outres remplies de vin de Schiras. C'est une attention du prince Abbas-Mirza qui sachant que l'Ambassadeur aime le fruit, a ordonné au Khan voisin de nous en envoyer.

Neuf heures d'Arabe-Dalési à Kara-iné : 60 maisons. Il est fortifié à la manière simple du pays. C'est une enceinte flanquée de tours avec un vaste souterrein qui peut renfermer les habitans avec leurs effets les plus précieux. Il y a deux jours que les Curdes nous inspiraient de la crainte, aujourd'hui ils sont notre escorte. En Turquie ils sont voleurs : quand ils passent la frontière, ils changent de profession et deviennent sujets et soumis.

Six Novembre. Sept heures de Kara-iné à Zorava : 15 maisons. Culture du lin. On voit l'art avec lequel les habitans distribuent les eaux dans leurs jardins. On passe près du petit village d'Ali-khé. La race de ses chevaux est renommée. Les persans sont d'excellens cavaliers. C'est dans leur pays qu'on a commencé à connaître les estafettes. Elles remontent au règne de Cyrus. On assure qu'il n'y a pas de meilleurs courriers. On a su à Théran le quarante-cinquième jour, la victoire d'Austerlitz. Les peuples sont soumis et craignent l'autorité. Les anciens des villages viennent à une lieue au-devant des deux Ambassadeurs pour présenter leurs hommages. Ils portent la main au front et s'inclinent profondément. Le peuple ne demande pas et refuse même les étrennes. En arrivant, l'Ambassadeur de Perse a soin de nous faire remarquer poliment cette différence, en nous disant ; vous ne trouverez plus ici que vos serviteurs, et un peuple entier qui vous est gratuitement dévoué.

En Turquie et en Perse, on n'est pas le maître de faire par jour le nombre de lieues que

que l'on veut. Il faut de nécessité s'arrêter dans des villages désignés.

Neuf heures et demie de Zorava à Qu-oye : 5000 âmes. La route est sur des montagnes de marbre et de porphyre. Au milieu du chemin nous avons trouvé un déjeûné. Des tapis étendus, de grands vases remplis de riz et de viandes, et beaucoup de fruits. Notre brillante réception est attristée par la mort de M.r Bernard, Lieutenant Ingénieur-Géographe, natif de Nuits (Département de la Côte-d'or). Il avait le goût et le talent de son état. Les fièvres pestilentielles ont terminé ses jours à l'âge de trente-deux ans. On l'a inhumé à Qu-oye dans le cimetière des arméniens, avec des honneurs militaires. Son souvenir vivra dans nos cœurs. Le Général ordonne de brûler ses hardes.

Nous trouvons ici M.r Bontems-Lefort et M.r Auguste de Nerciat. Ils sont dans la faveur d'Abbas-Mirza à qui ils ont été utiles dans la guerre contre la Russie.

Nous dînons chez le Khan dans une salle fort ornée, et dont les vitres sont de diverses couleurs. Les tables étaient couvertes de belles perses. Nous eûmes, pendant le repas, un spectacle de danses exécutées par des jeunes-gens habillés en filles, qui faisaient toutes sortes de contorsions. Nous trouvons ici Hastire-Khan, nouvel Ambassadeur de Perse, qui se rend à Paris avec des présens magnifiques. On envoie au Vainqueur de l'Europe, les sabres des Vainqueurs de l'Asie, Tamerlan et Thamas-Kouli-Kan.

Qu-oyo est entouré de murailles et de tours, et ressemble exactement aux gravures de Jéricho que l'on voit dans les Bibles. Cette ville est sujette aux tremblemens de terre. La plupart des maisons sont crevassées. Fabrication de sabres, de serges et d'indiennes. Les portes ne ferment point ici avec des serrures, mais avec des cadenats. Si vous avez besoin d'une table ou d'un banc, les menuisiers apportent chez vous un billot et leurs outils, et travaillent sous vos yeux.

Douze heures un quart de Qu-oyo à Tersoucht. Cette ville avait deux mille maisons renversées, il y a deux mois, par un tremblement de terre; il n'en reste que cent. Les plaines sont cultivées. On y voit l'arbuste du coton dont le produit enrichit l'industrie et le commerce. Toutes les terres que nous voyons sont imprégnées de sel, et il est en si grande quantité, que le matin nous aurions pu le prendre pour de la giboulée, La terre résonne sous les pieds des chevaux. — On nous reçoit par-tout avec de grands honneurs, et on nous traite avec magnificence. Nous jouissons aujourd'hui de la vue du lac de Van qui borne notre horison à droite. On dit qu'il a cent-cinquante lieues de tour. Son eau est si saumâtre, que quand on a essayé d'y mettre des poissons ils y ont péri. Il y a sur ce lac plusieurs îles dont une est habitée. Dans une autre, on trouve des moutons sauvages.

Dix Novembre. Dix heures de Tersoucht à Chébister : 100 maisons. Culture du coton et de la vigne. On voit des jardins d'amandiers ; cet arbre est très-commun ici. L'amande à double fruit est, chez les persans, le symbole de l'union de deux amis.

Onze heures de Chébister à Tebris ou Tauris. La route est dans une plaine marécageuse. On traverse sur un pont bien fait la rivière d'Adji-sou. Abbas-Mirza, troisième fils du Roi et héritier de la couronne, nous envoie une nombreuse escorte de cavalerie, et fait présent au Général d'un cheval dont la bride est en or. On ne connaît pas l'art de plaquer. Les chevaux persans sont forts, mais butent presque tous, parce qu'ils ne regardent pas où ils mettent les pieds. On nous a parlé ici de quelques manuscrits précieux conservés dans cette ville, d'une histoire d'Alexandre, et d'une histoire du monde.

Abbas-Mirza règne ici : les actes publics se font en son nom. Il veut relever sa nation, et il a l'ambition de la gloire militaire. S'il perd un Général ou un guerrier, il déchire ses habits et donne les marques de la plus vive douleur. Il a perdu dernièrement des enfans, et n'a témoigné aucun chagrin. Pour expliquer cette indifférence, il faut connaître les mœurs. Nous demandons à un grand Seigneur le nombre de ses enfans : il répond naïvement qu'il n'en sait rien, se tourne du côté de son Secrétaire et le lui demande; celui-ci répond : dix-sept.

Ruines d'une Mosquée. Les habitans disent qu'elle a mille ans d'ancienneté. Nous avons vu de beaux restes de mosaïque. Nous soupons chez le Visir; il est aimable. L'Ambassadeur lui dit qu'il était chargé non de lettres, mais de paroles pour Abbas-Mirza. Le Visir répond : les lettres ne sont que du papier, mais les paroles d'un Ambassadeur sont des pierres précieuses.

Après le repas, les danseurs font des tours de force. Le Visir nous dit : mon Maître n'aime pas les danseurs, il les a tous chassés de Tauris. J'ai appellé ceux-ci des villages voisins, ayant appris de l'Ambassadeur de Perse, que ce divertissement était agréable à votre nation. — Le Visir a un fils Mirza-Hassan, jeune homme de vingt ans. Il était assis au fond de l'appartement, quand son père entre. Hassan se leve, se prosterne et va se tenir debout à la porte. Les enfans donnent à leurs pères, les marques du plus grand respect. Ils se lèvent toujours quand ils entendent seulement prononcer leur nom.

Treize Novembre. Nous avons audience d'Abbas-Mirza. Son palais est au fond d'une grande cour carrée, autour de laquelle sont rangés ses soldats, et où nous descendons de cheval. Nous traversons à pied une seconde cour beaucoup moins grande, pour arriver dans une salle où le vieux Gouverneur de Tauris, nous invite à nous reposer. Il prend nos noms. Après le café et les confitures, on vient nous chercher, et nous entrons dans une nouvelle cour régulière, environnée de soldats, et au milieu de laquelle est une belle pièce d'eau, au fond un pavillon, sur le devant une tente richement brodée, Abbas-Mirza est seul au fond du pavillon. Les Grands en dehors et fort éloignés. L'introducteur des Ambassadeurs nous accompagne. De l'entrée de la cour au pavillon, nous faisons plusieurs profondes salutations. Le Prince a environ vingt-sept ans, une figure agréable, les yeux vifs, et le regard gracieux. Après des complimens et des paroles qui manifestent son goût pour les armes, nous prenons congé, et sommes reconduits avec le même cérémonial observé en entrant. Au coucher du soleil, nous nous rendons pour souper au même pavillon. Six personnes de la Tribu impériale, illustres par leurs exploits militaires, font les honneurs. Au milieu du repas, Abbas-Mirza envoie demander au Général comment il se trouve dans son palais. Tous les Grands sont rangés selon le rang de leur naissance. Dans nos fêtes d'Europe, les rangs se mêlent sans se confondre. Après le repas, le Général reçoit un beau sabre, et chacun de nous (nous étions vingt-deux) un schal et une pièce de brocard d'or.

Quatorze Novembre. Le Prince fait appeller quelques Officiers français, pour voir commander devant lui l'exercice à ses soldats. Il nous envoie des faisans, des perdrix rouges, des fruits et des confitures. Il daigne accepter une paire de pistolets de combat et les médaillons de l'Empereur et de l'Impératrice. Il nous donne audience de congé dans un pavillon où nous ne sommes que huit personnes, et avant de nous quitter il demande au Général de lui commander l'exercice militaire : il met un fusil sur l'épaule, et nous étonne tous par l'adresse et le plaisir avec lesquels il manie les armes. A son tour, il veut commander l'exercice au Général, et s'en acquitte fort bien.

Visite chez Achmet-Khan, Beglierbey de Tauris, qui dit au Général en s'asseyant : ma place serait ici la première, mais je préfère celle où je puis voir en face Votre Excellence. Je rapporte ces niaiseries sans conséquence. Les Grands sont spirituels et aimables. Leur langage exagéré plaît d'abord et étonne ; mais quand on voit que c'est la manière commune et ordinaire, on n'est plus embarrassé que pour le réduire à sa plus simple expression.

Il y a à Tauris une fondérie de canons. Les arbres du pays sont les amandiers et les jujubiers.

Six heures trois quarts de Tébris à Seid-abad : 45 maisons. Orge, bled, point de chevaux, parce qu'il n'y a point de pâturages. A une lieue, ruines d'un temple ; il reste encore des tronçons de colonnes et des tables d'albâtre. Auprès est un caravanserai. Ainsi on trouve sur une route déserte, en même-temps, la maison de prières et celle du repos. Après deux heures de marche on se trouve dans les rues bien payées et régulièrement tracées, d'une ville immense dont le nom est perdu. Les persans croient que c'est Dariopolis ; d'autres, Hougan. C'est le nom de la contrée. Les savans choisiront.

Neuf heures un quart de Seid-abad à Tikmetach : 30 maisons. On trouve ici des eaux claires et salubres, ce qui est rare en Perse. Beaucoup d'arbres fruitiers, et surtout de grenadiers qui produisent des fruits excellens. A une lieue, ruines d'un caravanserai, et au-dessus à gauche, celles d'une forteresse, dont les restes sont imposans. Souvent en Turquie, la curiosité attirait les femmes sur notre passage. Ici fidèles aux mœurs antiques de leur pays, comme les filles de Darius elles craignent nos regards.

Dix heures de Tikmetach à Turkmaun :

40 maisons. Récolte abondante de riz, de coton et de lin dont ils font de l'huile.

Neuf heures et demie de Turkmaun à Moïna : 400 maisons. Excellente race de chevaux. Le pays s'étend jusqu'à la montagne du Léopard. Les villages envoient toujours au-devant de nous des escortes et de la musique. Peu de ressource pour la vie animale. Nous vivons de gazelles, dont la chair est fort bonne. Nous approchons enfin du terme d'un voyage qui fatigue les personnes les plus robustes; malgré les précautions et la nourriture qui est saine, nous avons des malades: On ne s'arrête jamais pour eux. L'Ambassadeur lui-même se met quelquefois en route avec la fièvre. Nous n'avons pas de mauvais temps, mais toujours des logemens mal-sains et mal-propres. Ce soir on nous menace des scorpions gris, dont la morsure passe pour mortelle. Le peuple conte qu'ils ne s'attaquent qu'aux étrangers. Le Docteur Salvatori nous a rassurés, en nous apprenant qu'il a provision de thériaque et d'acide muriatique. C'est ici qu'est mort le voyageur Thévenot. Ses papiers et ses livres furent, dit-on, enlevés et gardés par le Cadi.

Dix heures de Moïna à Ar-keuï : 30 maisons. Ce lieu a été fortifié dans les dernières révolutions. Culture du riz. Sur la route on trouve un pont d'une architecture ancienne et belle. Il est regardé comme un ouvrage admirable. Heureusement il a résisté au temps; car en Perse depuis long-temps on ne répare rien.

Notre route se fait plus vite depuis le ramasan. Comme nos persans ne mangent que d'un soleil à l'autre, ils font diligence pour arriver à son coucher.

Neuf heures et demie d'Ar-keuï à Herman-qhâné, sur la rivière de Cara-schal. Ce village de 40 maisons, est gouverné par un Visir. La route est dans des rochers, et la vue du pays triste et monotone.

Huit heures et demie d'Herman-qhâné à Zing-hian : 15,000 habitans. Cette ville avait été détruite par les révolutions, mais elle se rebâtit maintenant. Nous descendons dans le vaste palais du Khan qui vient au-devant de l'Ambassadeur. Fabriques de brocards. On fait venir les draps d'Erzerum et d'Astracan. Le pays produit des amandiers et des vignes, mais on ne fait point de vin. Au reste, dans le cours de notre voyage, nous n'avons jamais vu personne boire de la liqueur ni manquer au ramasan. Il semble que le respect d'une nation pour sa religion soit un préjugé en sa faveur.

Neuf heures trois quarts de Zing-hian à Sultanié : 80 maisons. Vent très-froid Un persan vient demander pardon à l'Ambassadeur de ce qu'il fait si mauvais temps. Cette ville est célèbre dans l'histoire ancienne par la reretraite de Xénophon. On dit qu'elle avait plusieurs lieues de circuit. Elle fut chrétienne et florissante. Ses Églises sont converties en mosquées. La plus belle qu'on ait élevé en Asie à Mahomet, est à Sultanié. Dans ses ruines nous avons admiré des colonnes d'albâtre et de superbes mosaïques. Les terres sont de bonne qualité et arrosées par de nombreux ruisseaux. Le Roi et sa cour passent l'été à Sultanié, sous des tentes.

Douze heures un quart de Sultanié à Ebher : 1000 maisons. Temps froid. Dans un pauvre village où nous nous arrêtons pour déjeûner, quelques chevaux de bagages, fatigués, ne peuvent avancer. Le Khan menace de brûler le village si le plus petit effet est perdu. Nous arrivons très-tard. J'ai souvent remarqué que pour faire plaisir à un voyageur qui vous demande la distance d'un lieu à un autre, on l'abrége sans scrupule. On ne peut pas imaginer les désagrémens et les dangers même auxquels on l'expose.

Sept heures d'Eblier à Caswin ou Casbin, l'ancienne Arsacia : 60,000 habitans. Pays plat et fertile. Nous logeons chez le Khan. Son palais est vaste; ordinairement il n'y a qu'un rez-de-chaussée : ce qui me rappelle une histoire de famille. Mon grand-père parlait de Versailles devant le Roi de Perse et sa cour, et pour leur donner une idée de la magnificence du Château, il n'oublia pas l'escalier de marbre. Le Roi après lui avoir fait expliquer ce que signifiait escalier : Tu me dis ton Empereur si puissant, et il n'a pas de place pour se loger sur la terre !

Avec l'acier du pays on fabrique des lames de sabres à Casbin et à Hérat, capitale du Korassan. A Ispahan et à Schiras, les lames se font avec l'acier des Indes.

On fait à Casbin des tapis avec des morceaux de draps de plusieurs couleurs, qui dessinent des fleurs ou autres objets. Ces tapis sont très-recherchés et si chers, qu'un persan nous dit que nous ne sommes pas en état de les payer. Ainsi les mosaïques de Florence ne sont faites que pour des Souverains. Fabrique d'instrumens aratoires. Nous mangeons ce soir dans un pavillon qui donne sur un jardin que nous trouvons éclairé avec des lampions. On tire un feu d'artifice. Les gerbes, le feu d'un volcan sont admirables. On fait ensuite des tours d'escamotage dont plusieurs nous amusent. On nous régale même de marionnettes. Nous partageons ces divertissemens avec le Khan et un grand nombre de persans qui y prennent beaucoup d'intérêt.

Le Basar est remarquable par sa construction agréable. Le Général le visite avec le Khan qui prend occasion de lui faire présenter différentes pièces d'étoffes. Il y avait défense aux marchands de recevoir aucune étrenne.

La principale mosquée est bien bâtie. A vingt lieues autour de Tehéran, le Roi seul va en litière. Ses enfans même n'en ont pas le droit. Le Général est obligé de quitter la sienne. Son frère blessé par un coup de pied de cheval, obtient avec peine une exception.

Les objets de commerce qu'on paye le mieux à Casbin sont les armes de toute espèce, celles à feu surtout ; les beaux draps, les montres et les pierres gravées. La rivière de Kulma passe à quelque distance de cette ville, où l'on voit encore le palais des anciens Rois de Perse.

La carte de M.r de Beauchamp me paraît la meilleure. Je l'ai confrontée avec celles de l'Encyclopédie et de Mentelle. Celui-ci et Beauchamp s'accordent pour la longitude de Casbin, mais ils diffèrent d'environ cinq degrés de celle de l'Encyclopédie. Les ruines de Ray sont placées par Beauchamp, et sont en effet, à l'est de Tchèran, et l'Encyclopédie les place à dix lieues au sud.

Trois heures et demie de Casbin à Hassar-abad : 40 maisons. Depuis hier on demande des chevaux et des guides pour envoyer des courriers à Tchèran, et on n'obtient rien dans le moment. Les Grands veulent remplir leurs devoirs; mais aiment le repos et le plaisir, et ceux à qui ils commandent ont le même caractère.

Le Khan de Casbin nous accompagne jusqu'ici; il est toujours disposé à servir les français : il les aime. L'après-midi, les persans cherchent à découvrir la lune, dont l'apparition devait annoncer la fin du ramasan. Pistachiers, amandiers, troupeaux de gazelles.

Un persan distingué consulte M.r le Docteur Salvatori qui lui envoie des remèdes. En les recevant il fait tourner dans ses mains son chapelet qui apparemment n'est pas favorable, et sur-le-champ il renvoie les remèdes.

Premier Décembre. Dix heures de Hassar-abad à Carbous-abad ou village des melons ; en effet, on y en trouve une grande quantité : 60 maisons. Terres incultes, couvertes de joncs et d'eaux stagnantes, et les chemins doivent être impraticables quand il pleut. Une heure avant d'arriver, nous déjeûnons à Kiazha, dans la maison de plaisance que Mirza-Chefi, Grand-Visir, a fait construire pour Chah-Macmoud, fils du Roi, qu'il a été obligé d'adopter parce qu'il n'a point d'enfans.

Dix heures de Carbous-abad à Kiémal-abad ; 20 maisons. Les terres sont abandonnées, quoique bonnes. Les fleurs naissent d'elles-mêmes. Le Docteur Salvatori n'a encore trouvé en Perse, aucune plante médicinale.

Le jour de notre entrée a été fixé au quatre Décembre, que l'Astrologue du Roi a choisi comme un jour heureux.

Trois Décembre. Neige et pluie froide. Sept heures de Kiémal-abad à Ali-abad ; 60 maisons. La route est à travers champs dans des bruyères et des terres argileuses. Sur un côté du chemin nous ramassons des morceaux de granit, de jaspe et de serpentine. Nos chevaux fatigués par la boue avancent lentement. Il est impossible de voyager en Perse avec agrément et commodité.

Quatre Décembre. Beau temps. Six heures d'Ali-abad à Tchéran, la ville royale. Après une route de six cents vingt lieues, grâce à Dieu, nous arrivons au but désiré de notre voyage. Notre entrée est brillante. A une lieue de la ville, l'Ambassadeur est reçu par un Général à la tête de quatre mille hommes de cavalerie, et accompagné jusqu'au palais du Grand-Visir, où il trouve une Garde d'honneur. M.r Rousseau vient au devant de nous; son aïeul avait accompagné en Perse celui du Général, en 1715.

Visite à Mirza-Chefi. Ce Grand-Visir est avancé en âge; ses manières sont nobles et aisées; il est laborieux et exercé au travail; son seul délassement est la promenade à cheval, le matin. Il parle de son Maître avec enthousiasme, et dit honnêtement à l'Ambassadeur que Paris était la capitale de la Perse, et que les persans avaient toujours aimé les français; que comme le lit d'un grand fleuve qui

qui s'est séché un moment, se remplit ensuite d'eaux abondantes, de même les relations d'amitié que les révolutions de Perse avaient anéanties, allaient renaître entre les deux nations, et qu'au premier regard du Roi, nous verrions l'amitié qu'il a pour nous.

Six Décembre. Le Général voit le Visir pour fixer le cérémonial de la présentation au Roi. Dans la conversation, Mirza-Chéfi ne cache pas la sensation que fit en Perse Lord Malcolm, Ambassadeur de la Compagnie des Indes. Il avait mille domestiques, une musique, et jettait à pleines mains l'or et l'argent au peuple. Malgré les promesses et les complimens, ce n'est que le quatrième jour que MM. les Officiers obtiennent un logement convenable. Les persans n'ont pas d'idée de la considération attachée à l'état militaire. Mirza-Chéfi demanda aux Officiers s'ils savaient lire.

Toutes les affaires ont ici une marche lente. Il ne faut pas accuser la volonté des Ministres; mais on fait consister la grandeur à jouir du repos. On met une heure à écrire un ordre. Le Grand-Visir ne va pas vîte en expédition. Cette mollesse est le vice moral des Grands.

Sept Décembre. Beau temps. L'Ambassadeur accompagné des Secrétaires de Légation et de MM. les Officiers se rend au palais du Roi. C'est un château crénelé, entouré de fossés et de murailles de terre ; l'intérieur est très-vaste. L'Ambassadeur et sa suite, après s'être reposés dans une salle préparée à cet effet, sont conduits par le Maître des cérémonies chez le Roi. Feth-Ali-Chah est âgé d'environ quarante-six ans, il porte toujours sur la tête une aigrette de diamans, signe de la royauté. Il est assis, dans un coin de la salle, sur un trône richement décoré. Ses habits de drap d'or étaient couverts de diamans et de pierres précieuses. Des vases d'or, des aiguières enrichies de diamans, les plus beaux tapis, des lustres décorent cette salle, et ce qu'il y a d'agréable et de singulier, plusieurs jets d'eau s'élèvent dans des bassins de marbre.

Deux enfans du Roi et les Ministres assistent à cette cérémonie. L'Ambassadeur présente ses Lettres de créance. Le Roi lui donne le titre de Khan. Son frère et M.r Rousseau reçoivent les mêmes faveurs. Leurs deux familles sont déjà connues en Perse. Après les plus grands témoignages d'attachement que ce Prince manifeste pour la Cour de France, nous sommes reconduits avec le même cérémonial qui avait eu lieu en entrant.

De retour à notre Hôtel, nous recevons des gazelles, des perdrix, des porcelaines et du vin de Schiras. Le Roi fait dire à l'Ambassadeur, que d'après son Astrologue, le dix-huit de la lune devant être un jour heureux, il le choisissait pour traiter d'affaires avec lui.

Nous accusons quelquefois la lenteur des persans; de leur côté ils doivent remarquer notre impatience. Les caractères opposés ne sont pas un obstacle à l'amitié et à la bonne intelligence.

Quatorze Décembre. Les soirées et les nuits sont froides, mais à midi le soleil est plus chaud qu'en Provence au mois de Septembre. Les variations dans la température de l'air sont extraordinaires. Le Docteur Salvatori a observé de sept heures à midi, dix-huit degrés de différence.

Quand les Grands sortent, ils ont une suite nombreuse de domestiques qui sont traités en esclaves, et qu'on ne paye pas. Chez un peuple qui aime le faste, la considération est attachée à ce luxe extérieur. Nous sommes obligés de suivre cette étiquette : nous ne pouvons sortir qu'accompagnés.

Arrivée à Tehéran d'un Ambassadeur du

Roi de Bokara. Le Vaïd du Sinde, dont la capitale est Tatta, a aussi des Envoyés dans cette Cour.

Seize Décembre. L'Ambassadeur et la Légation rendent visite à Hassan-Ali-Mirza, fils du Roi, âgé de vingt-un ans, et Gouverneur de Tchèran. Le Général lui envoie un fusil-à-vent, et l'Officier chargé de l'offrir reçoit un riche présent.

Plusieurs personnes de la Légation ont les fièvres.

Tous les soirs ou pour une nôce, ou pour la fête ou le retour d'un ami, on tire des fusées et des feux d'artifice dans la ville.

Depuis plusieurs nuits, les jardins du Grand-Visir chez qui nous sommes logés, sont remplis d'un peuple immense qui jette des cris de joie. Tout le jardin est en feu. Les persans se livrent volontiers à une bruyante ivresse.

Quatre cadavres dont on avait coupé la tête, sont étendus devant la porte du palais du Roi. Chaque passant ne manque pas de donner un coup de pied à ces têtes.

Vingt-deux Décembre. Nous nous rendons au palais, et l'Introducteur des Ambassadeurs nous conduit dans l'intérieur. Cet honneur n'avait pas été accordé avant nous. Après avoir traversé plusieurs cours et plusieurs jardins, où la hauteur des cyprès et des platanes est surprenante, nous parvenons au pavillon du Roi. Le Grand-Visir nous conduit l'un après l'autre au pied de son trône. Le Prince de la manière la plus gracieuse a donné aux Secrétaires de la Légation et aux Officiers l'ordre du Soleil. * L'Ambassadeur avait reçu la veille le grand Ordre, dont la devise en lettres persannes dit : *Que le Roi élève l'Ambassadeur de poisson à la lune. Sur la croix ordinaire, on lit en vers persans : Marque de bienveillance d'un Prince qui chérit ses amis. Feth-Ali-Chah, Souverain, qui dissipe ses ennemis et les anéantit.*

Par sa permission expresse, son Ministre nous fit visiter son palais. Le pavillon où il nous reçut est carré et entouré de belles pièces d'eau et de jardins ; mais il est difficile de décrire la richesse et les ornemens. Les tapis sont des brocards d'or couverts de broderies d'or relevées en bosse. Des plafonds en cristal, des colonnes en glaces répètent les

---

* MM. Salvatori et de Boisson ont obtenu depuis la même faveur.

arbres et les jets d'eau. Les portes sont en mosaïque, travaillées en ébène et en nacre. Autour de son trône d'albâtre, les Grands tiennent des vases d'or et des pipes enrichies de diamans.

Nous sortons du palais éblouis par la magnificence et l'éclat de ce luxe oriental, et nous rendons visite au Général Ismaël-Khan. On nous sert des fruits et des confitures, et l'Ambassadeur accepte un sabre indien et un tapis.

Je ne sais pas si j'ai déjà remarqué, que chez le Grand-Visir et les Ministres, les affaires de la plus haute importance se discutent non dans le secret du cabinet, mais dans un appartement toujours ouvert. Les gardes, les Secrétaires, les curieux sont présens. Nous avons souvent demandé de les faire éloigner, mais les Ministres gardent toujours du monde. On ne peut pas rester seul avec eux.

Vingt-trois Décembre. Vent froid et pluie. Le Roi fait demander au Médecin si ce mauvais temps continuera, parce qu'il voulait aller à la chasse. Malheureusement le baromètre du Docteur s'était brisé en route. A Constantinople, le Grand-Seigneur ne chasse point. En Perse, on aime beaucoup cet exercice.

Tchéran a plus de 50,000 habitans pendant l'hiver ; l'été il ne reste que les pauvres. La population se disperse dans les villages voisins, en Juillet et Août. La chaleur est de vingt-sept à vingt-huit degrés. Hippocrate dit, qu'il faut partir de Tehéran le plutôt possible, et s'en éloigner tant que l'on peut.

La Perse confine aux Indes, à la province de Cachemire, au golfe d'Ormus, etc. Son commerce avec les Indes est avantageux. Dans cinq mois les vaisseaux viennent du Bengale à Bender-Abassy, chargés de sucre, de cochenille, de mousseline et de coton. Le retour est en vins, tapis, peaux de vaches de Russie, de sel d'Ormus pour lest. Pendant la guerre les intérêts de la politique et du commerce sont souvent étrangers ; mais à la paix, le commerce de Perse par Alep, rendra à l'ancienne Phénicie sa splendeur, et à Tyr et à Sidon leurs richesses. Les objets que la France importe en Perse, sont les draps, serges, étoffes de soie, glaces, cristaux, corail, horlogerie, étaim, plomb, armes, papiers, bijouteries. La Perse peut donner en échange les soies, tabacs, laines, peaux d'agneaux, fourrures, tapis, toiles peintes, brocards, séné et autres drogues, résine, lapis-lazuli, turquoises, agathe-onyx, diamans, rubis, perles. Ce commerce fait partie de celui du Levant, qui donnait à la France un bénéfice net de soixante millions par an. Marseille était la principale ville qui faisait ce commerce. Qu'on me permette à quinze cents lieues de ma patrie, de la rappeller à mon souvenir. *

Le Roi va à la chasse à vingt lieues. Il laisse ordre aux Grands de traiter l'Ambassa-

---

* Cette ville devait sa prospérité au génie de Colbert; dans ces derniers temps à l'administration éclairée de MM. de Latour et de Sabatier de Cabres. M. de Latour était en même-temps le premier Président du Parlement et Intendant de la Province et du Commerce. Il avait beaucoup de mémoire et de facilité. Avant cinq heures du matin il était à son Bureau, et à sept sa correspondance était finie, et il recevait tout le monde. Il avait un talent rare pour la prompte expédition des affaires, et Marseille lui doit en partie son ancienne prospérité. C'est M. de Cabres, Conseiller d'État, qui fit nettoyer le port et liquider les dettes de la Chambre de Commerce, qui voulut dans une circonstance lui faire un présent : Je n'en reçois que du Roi, répondit-il. Il est mort en 1804, il avait conservé ses principes et ses amis.

deur pendant son absence. Il y a à la Cour, une place de Prince des Poëtes, et une autre de premier Peintre.

Visite au Beglierbey d'Ispahan. Ce Seigneur est immensement riche; on dit qu'il a 3000 domestiques. Après un déjeûné élégamment servi, il fit présent à l'Ambassadeur d'un sabre et d'un poignard, et d'un sabre à tous les membres de la Légation et à MM. les Officiers. Ces armes sont fabriquées à Ispahan. Dans le dix-septième siècle, la trempe des sabres de Koumm était renommée, mais les afgans ont totalement ruiné cette ville; célèbre par le tombeau de Fatmé, fille aînée de Mahomet, qui épousa son cousin germain Ali. Maintenant la misère en dévore les habitans qui vivent des aumônes que leur donnent les pélerins qui vont visiter la superbe Mosquée rebâtie en 1802, par Feth-Ali-Chah. *

Trente Décembre. Il gèle toutes les nuits.

Les persans regardent avec dédain notre manière de vivre et de nous habiller; notre conduite, nos égards envers nos femmes leur font pitié. Chez eux une femme n'est qu'une

---

* Je tiens ces renseignemens de M. Jouannin.

esclave. Je n'ai jamais pu faire comprendre au Grand-Visir qu'en France la femme partage le soin des affaires avec son mari. Un harem ne peut pas donner l'idée d'un bon ménage.

On construit vis-à-vis le palais du Roi une Mosquée qui sera fort belle. J'ai vu des marbres d'une qualité rare, disposés pour être employés. Le Basar offre aux habitans de riches étoffes des Indes. Les turquoises s'achètent à bon compte. Les perles sont chères. On dit qu'à Bagdad et à Constantinople, on les a à meilleur marché et plus belles. Depuis long-temps le Roi de Perse achète tous les ans pour deux millions de pierres précieuses.

A la mort de Thamas-Kouli-Kan, il y eût un interrègne de trois ou quatre ans. Chaque Gouverneur s'empara du pouvoir. Enfin celui de Schiras, Kérim-Kan, parvînt à l'autorité suprême et régna trente ans. A sa mort en 1774, son fils lui succéda. Le Gouverneur de Tehêran, fils de celui qui s'était révolté contre Thamas-Kouli-Kan, lui enlevà la couronne qu'il a fait passer à son neveu Feth-Ali-Chah, Prince régnant.

Voici une Ode que le Prince des Poëtes a composée en son honneur.

ODE.

FÉLICITEZ-VOUS Trône d'Iskender et de Dara, * puisqu'un autre Iskender vient de vous rendre votre ancienne splendeur en se ceignant le front du Bandeau royal.

Prince aussi haut que Suleiman, ** dont le génie et la figure ont l'ardeur et l'éclat du Soleil... Sous son règne la terre s'est embellie, et est devenue comme le jardin de Minou. *** Sa vigilance et ses soins ont fait revivre la justice et la bienfaisance.

Son cœur est un Océan de magnanimité. Il rend ses peuples heureux, et l'Univers contemple en souriant le berceau qui l'a vu naître.

C'est pour répandre et, maintenir la gaicté dans ses banquets, et pour seconder le noble

---

* Alexandre et Darius.

** Salomon.

*** Célèbre Architecte.

essor de sa main généreuse, qu'on voit dans la saison printannière la treille prodiguer son jus délectable, le roseau exquis son suc délicieux, la tige épineuse sa rose brillante, et la mine féconde son métal précieux.

Son Trône s'élève au-dessus de la région éthérée, et sa destinée est plus vigoureuse que la roue céleste ; car celle-ci porte déjà les marques de la décrépitude, au lieu que l'autre est jeune encore.

Illustre Monarque qui favorises et encourages les talens, tes États sont aussi vastes que la voûte azurée, et tes légions aussi nombreuses que celles des esprits de l'Empirée..... Oui, le firmament s'incline avec respect sur le seuil de ton auguste demeure, et les Anges souscrivent à tes désirs !

Ton imagination sublime conçoit des images poétiques et pleines de charmes, et *Mani* * s'empresse aussitôt de prononcer sur l'*Englioun* ** la sentence d'abolition.

---

* C'est l'hérésiarque Manès.

** Livre qui fut composé par Manès, et qui contenait ses dogmes.

Tu t'exprimes élégamment en arabe comme en persan, et ta plume distille sur le papier du musc pur et luisant....

C'est alors qu'on voit les Saadis et les Selmans * déposer à tes pieds leurs lyres, et se pâmer de plaisir en entendant réciter tes vers.

Dans ta colère on trouve le signe évident de la destruction. Ton front est le siége de la splendeur. La libéralité découle de ta main, la modestie est peinte sur ta figure.

Ta colère ressemble à une flamme vive qui incendie et consume tout ce qu'elle atteint. Ton front ressemble à un rayon de lumière qui s'échappe des astres de la nuit : ta libéralité au parfum d'ambre qui se propage rapidement, et ta modestie au coloris charmant que donne le nectar.

Le Firmament confus à la vue de tes dons précieux, voile sa robe azurée et brillante, chaque fois que tu distribues à tes serviteurs des robes magnifiquement tissues.

Lorsque tu descends dans l'arène pour combattre tes ennemis, la terre s'abaisse et trem-

---

* Poëtes fameux d'Iram.

ble sous tes pas, et l'on voit des milliers de têtes tomber sous tes coups redoutables.

Lorsque ton bras héroïque se lève pour frapper tes valeureux ennemis, on les voit fuir devant toi, et t'abandonner le champ de bataille..... Certes ! Lorsque le Soleil se montre tout étincelant de rayons, les étoiles ne peuvent supporter son éclat. Elles pâlissent et se précipitent soudain dans leurs demeures occidentales.

Tes jugemens pleins de force et de lumière, sont faits pour éclairer les hommes. Nulle intelligence ne saurait tenir contre leur perspicacité.

Prince qui as un fonds précieux de qualités éminentes, tu es devenu l'ornement de l'Empire, par le sage emploi de ces mêmes qualités.

Le grand Roi qui fut ton oncle et ton père, dont le règne devait être borné par les vicissitudes de la tyrannique roue, entraînée par le mouvement de cet aveugle oppresseur, s'avança de Rey vers Berdeh, pour y recevoir le coup de la mort, et passer subitement de sa couche royale dans le séjour des bienheureux.

Ah ! Quel funeste jour que celui où la main profane du désordre atteignit les ornemens royaux , le trône et le diadème de Dara !

Le brigand dont le crime fut favorisé quelques momens par la grande meule du firmament, qui absorbe et écrase tout sous son poids énorme, s'adjugea ces riches dépouilles, et osa s'en parer avec arrogance.

On vit à cette époque des trésors nombreux et des bijoux précieux dispersés , briller dans la poussière, comme les étoiles qui roulent et scintillent au haut des cieux.

De-là cet affreux pillage qui enrichit des milliers d'esclaves, et causa la ruine de tant de Maîtres riches et puissans.

Informé de cette insigne catastrophe, tu accours du fonds du Fars vers Rey, à la tête de tes vaillantes cohortes, dont les pas agiles soulèvent dans les plaines des vagues de poussière qui s'élancent jusqu'à la région de la Lune...., Tu effaças dans cette circonstance par tes grandes prodigalités, la célébrité du nom de Hatem-Tey. *

---

* Prince arabe illustre par ses largesses, sa clémence et ses autres vertus.

Tu livres la bataille à ton rival audacieux, tu enfonces ses bataillons. Ton sabre vainqueur fait couler le sang de ses soldats, et tu recouvres la couronne qu'il venait d'usurper..... C'est ainsi que ta valeur déconcerta les desseins de la capricieuse fortune.

Tu terrassas donc le rebelle qui osa te disputer tes droits légitimes : tu l'humilias, et nouveau Suleiman, on te vit arracher des mains d'un génie arrogant l'anneau de la Souveraineté. *

Par les décrets divins tu montes enfin sur le trône impérial, comme un second Iskender qui succède à Dara.

La Providence est la force invisible qui te seconde, et ton bras nerveux maintient la gloire que tu t'es acquise... L'une confond et anéantit tes ennemis, et l'autre protège l'Empire que tu possèdes.

La bonté de ton cœur réprime en toi les mouvemens d'une juste vengeance, et en Mo-

---

* La tradition orientale porte, que Salomon fils de David avait un empire absolu sur les génies qu'il s'était assujettis par le pouvoir d'un anneau.

narque

narque clément tu accordes à ton ennemi le pardon de ses attentats.

Tu déchargeas tes peuples du poids onéreux des impôts.... Tu te montras généreux et affable à leur égard, et Dieu pour te récompenser répandit sur toi ses infinies bénédictions.

Maintenant que tu as détruit tes ennemis, livre-toi aux doux plaisirs d'une vie sans nuages, et les yeux fixés sur tes épouses, savoure à longs traits le délicieux nectar, dans des coupes d'or, au son de la flûte et de la harpe.

Cependant que le vin et les divertissemens ne mettent point en défaut ta vigilance..... Souviens-toi, ô Prince juste et compatissant, qu'il est des êtres infortunés, et des derviches errans et pauvres que ta main doit secourir.

Prince, qui t'es immortalisé par les éminentes qualités de ton grand cœur, les blessures que fait ton sabre vainqueur, sont profondes et incurables. Les élémens même en redoutent l'atteinte.

Adem et Hawa * de leur côté croient voir

* Adam et Eve.

dans le spectacle de tes combats, l'extinction de leur postérité, et frappés de consternation, ils font retentir l'Univers de leurs gémissemens.

O Roi triomphateur, en te précipitant dans les rangs ennemis, la victoire s'empresse aussitôt de s'associer à ton épée redoutable. Saturne saisi à ton aspect d'une crainte respectueuse, tremble au haut des cieux, en te voyant porter par-tout l'effroi et la destruction.

Aucun Héros de l'antiquité n'eut en partage ta valeur et ton intrépidité.... Rustem, * lui-même, te rend les armes.

Depuis l'instant que j'ai frappé de mon front contre le seuil de ton palais, les astres m'ont respecté, et j'ai foulé aux pieds les deux étoiles voisines du pole.

En versant sur moi tes grâces, tu m'as élevé depuis la terre jusqu'au firmament. Mon intelligence se confond devant ta Majesté, et ma débile langue ne saurait chanter tes hautes vertus, quoique par ton influence pro-

* C'est l'Hercule persan.

pice mes vers aient déjà surpassé ceux des autres Poëtes.

J'ai roulé dans ma tête mille pensées, et me suis exercé long-temps à tracer tes éloges; mais convaincu enfin de ma propre faiblesse, j'ai dû renoncer à cette tâche difficile pour t'adresser mes humbles vœux.

Tant que les sept planètes seront errantes dans le vague immense du firmament, et que les neuf cieux tourneront régulièrement autour de la terre, puisse ton autorité et ta gloire se maintenir et circuler dans toute l'étendue des sept climats.

FETH-ALI-CHAH règne sur vingt millions de sujets. Son Armée est composée de soixante mille hommes d'infanterie et de plus du double de cavalerie. Son artillerie n'est pas considérable. Les soldats persans sont robustes, bien faits, sobres, excellens cavaliers, et fidèles à leur parole. M.r le Comte de Willeseck m'a raconté à Vienne, qu'à une revue, l'Empereur Joseph II en lui montrant un soldat, lui dit : Ce soldat est un persan à qui j'ai donné un congé de trois ans. Il a été à Ispahan voir sa famille, et il est revenu exactement, à l'expiration de ce délai, rejoindre ses drapeaux.

Feth-Ali-Chah voit autour de lui ses enfans soumis, les hommages des Grands, une armée nombreuse et un trésor. Le troisième de ses fils, Abbas-Mirza, que nous avons vu à Tauris, a été désigné, dès sa naissance, héritier de la couronne par son oncle et par son père. Il a l'avantage sur ses frères d'être fils d'une mère de la Tribu de Kadjar la plus noble de Perse.

La guerre contre la Russie éclata en 1803. Le dernier Prince Héraclius avait cédé la Géorgie à l'Empereur de Russie, qui par des envois fréquens de vaisseaux à l'embouchure du

Phase, fit des établissemens militaires. Dans les premières campagnes les armes russes ont toujours eu le dessus.

On ne peut pas s'étonner des victoires de la Russie. Dans le dix-huitième siècle, l'art de la guerre s'est perfectionné. La Turquie et la Perse n'ont pas suivi la marche générale, et sont restées en arrière.

Nous visitons le tombeau de M.r Romieu, Adjudant-Général, et Envoyé en Perse. Quatre piliers de briques et un petit dôme le recouvrent. L'Ambassadeur a le projet de lui élever un autre monument.

Il y a ici Mirgolam-Ali-Khan, âgé de quarante-cinq ans, et Ambassadeur du Waly du Sinde, dont la capitale est Tatta.

La guerre civile agite toujours le Kandahar. Les aghvans, ces fameux rebelles qui, conduits par la main de la fortune, renversèrent le trône en 1730, sont sortis de cette province.

A la mort de Thamas-Kouli-Khan, Ahmed, un de ses Généraux fut reconnu pour Souverain, et régna avec gloire jusqu'en 1774. Ses petits-fils se disputent son trône.

Premier Janvier 1808. Beau temps. Les persans commencent l'année en Mars, quand le soleil entre dans le signe du bélier. À cette époque qu'ils appellent *Nevrous*, les fêtes les plus brillantes ont lieu à la Cour. Les Grands, les Khans s'y rendent de toutes les parties du royaume. Le Roi leur fait des présens magnifiques, mange avec eux, et l'année s'ouvre par des réjouissances publiques. Le Roi nous envoie des ânes sauvages qu'il a tués à la chasse. Le poil de ces animaux est fauve, une seule bande noire passe sur l'épine du dos et sous le ventre. Sa chair n'est pas très-bonne.

Visite à Mirza-Kouli, Ministre que le Roi a condamné l'année dernière à payer à son trésor un million de notre monnaie. Malgré cette disgrace il conserve sa place. Sans employer les raffinemens de la politique, il va toujours à son but par le droit chemin. On dit même que dans ce moment la faveur retourne à lui. Qu'il est difficile de juger une nation. Il faut connaître le génie de sa langue, l'esprit de son gouvernement, le caractère des Grands, les habitudes des peuples.

M.r Trezel, Officier français, nous mande d'Ispahan, que cette ville n'est plus qu'une immense solitude où l'on marche pendant plus de quatre heures au milieu des ruines.

De riches mosquées, d'immenses places régulières attestent la magnificence des anciens Rois. Les empires, comme les familles ont des revers de fortune. Il y a une grande quantité de Basars très-vastes mais déserts. Les terres des environs sont assez bien cultivées et arrosées au moyen d'une multitude de canaux. Il n'y a point de combustible : on ne brûle que des ronces et de la fiente d'animaux.

Mort de Hussein-Kouli-Khan, frère puîné du Roi, âgé d'environ quarante ans. Ce Prince est mort à Bestam sur la route de Mech-hed d'où il revenait. Son Médecin l'a fait saigner pour une indigestion. Hussein-Kouli-Khan s'était révolté plusieurs fois contre le Roi qui lui avait pardonné du vivant de leur mère. Ce qui fait croire qu'elle les réconciliait, c'est que le jour même de la mort de cette Princesse, le Roi envoya un ferach (garde du palais), pour arracher les yeux à son frère qui était logé dans le même palais. Quand on eut annoncé à ce malheureux Prince son supplice : Ah ! ma mère, s'écria-t-il, et se tournant vers le ferach : Exécutez vos ordres.

Hussein-Kouli-Khan se retira à quelques lieues de Tehéran, dans un village au pied des montagnes où il était occupé d'établissemens pour les pauvres à qui il donnait beaucoup. Il faisait copier à grands frais, les livres de sa religion pour les Mollach. Il avait conservé ses richesses et l'amitié du Roi qui allait souvent le visiter, et qui a paru affligé quand on lui a annoncé sa mort. Il a fait fermer le Basar : expliquez ces mœurs....

A l'est de Tehêran, ruines de Rey, ancienne Rhagès, et patrie de Haroun-el-rachid. Les persans disent que Rey avait trois millions d'habitans. Le mot révolution explique toutes les calamités, mais comment les révolutions sont elles si longues et si terribles chez un peuple qui aime le repos et le plaisir?

A l'entrée de la nuit, on rencontre des chak-alls, (chiens sauvages) qui errent dans les rues, leur attaque et leurs morsures sont dangereuses. Les persans les poursuivent à grands cris, et les assomment à coups de bâton.

Hier le Grand-Visir m'engageait à prendre pour mon retour la route de la Georgie, aujourd'hui, c'est celle de Bagdad : sans légéreté on peut changer de détermination. Je note souvent des inutilités ; mais quand on cherche le caractère d'un peuple, les plus petites choses peuvent servir.

Le Docteur Salvatori propose au Grand-

Visir la vaccine, et cherche à lui en démontrer les avantages dans une conférence. Par politesse, le Ministre ne nous a pas ri au nez. Il a renvoyé cette affaire au Médecin du Roi.

Chacun travaille dans la Légation. Nos bons Pères ont fait un Mémoire sur le nombre des catholiques. MM. les Officiers rédigent leurs journaux topographiques. M.r le Docteur Salvatori fait un Mémoire sur le climat et les maladies. Il s'occupe aussi de médailles. Il en possède une en or de Titus-Quintius-Flaminius qui proclama la liberté de la Grèce. M.r Rousseau compose élégamment en langue persanne, D'autres travaillent sur l'histoire et la géographie, M.r de Lajard sur la minéralogie et les pierres gravées. Si quelque chose intéresse dans mon Journal, c'est ce que j'apprends dans la conversation de ces Messieurs. Tout le monde cherche à parler la langue persanne. Qu'il est triste d'être sourd et muet ! Je comprends quelques mots persans, parce qu'ils sont anglais. D'où vient ce rapport ?

Dans la ménagerie du Roi ; il y a quelques éléphans ; sa fauconnerie est bien fournie. La durée de la vie du faucon est de vingt ans, et quand il se porte bien il sert à la chasse pendant quinze ; on le nourrit de gibier. Dans ce moment on leur donne une perdrix pour deux jours.

Quand on quitte la Cour de Perse, le Roi vous fait des présens. Cet usage est ancien dans l'Orient. — La Momie ou gomme de Laër a, dit-on, de rares propriétés ; on en retire d'un rocher huit à dix onces par an ; le tout est réservé pour le Roi. La grotte est scellée.

Je n'ai pas encore fait remarquer le profond respect avec lequel on paraît devant le Grand-Visir. J'ai vu des gens en place demeurer à genoux sur le seuil de la porte.

Le harem est fermé à tout étranger. La plus grande insulte serait de violer cet asile. Un français, par imprudence, s'est approché d'un harem. Cris des femmes, elles appellent au secours : quelques-unes prennent des armes. Rumeur générale que l'Ambassadeur a beaucoup de peine à appaiser, même en faisant punir le coupable.

Les maisons des Grands sont riantes, les appartemens sont élevés, et ouverts au levant et au couchant par des fenêtres qui donnent sur des parterres.

Le titre de Khan est héréditaire : l'origine de cette dénomination est tartare, et appartient aux Chefs militaires des Tribus.

Avant de quitter Tehéran parlons de la famille de l'heureux Feth-Ali-Chah. Le nombre de ses filles est inconnu, et on le croit fort considérable. Il a trente enfans mâles.

L'aîné, Muhammed-Ali-Khan, demeure à Kerman-chah, et gouverne le Lourestan, et la partie occidentale de l'Irak-Adjem. Il est brave et actif.

Le second, Muhammed-Veli-Mirza, commande le Khorassan, et habite Mech-hed. *

Le troisième, Abbas-Mirza, dont la mère était de la famille Kadjar, désigné héritier de la couronne par son oncle et par son père, est à Tauris, et a commandé les Armées persanes contre les russes de la Georgie ; il est assez connu, surtout par les français.

Le quatrième, Hessen-Ali-Mirza, est Gouverneur de Tehéran.

---

* Mech-hed, signifie lieu de martyre. L'origine de cette ville est due au tombeau de l'Iman-riza, frère de Fathmé. On confond souvent Mech-hed avec Tous qui est à trois parasanges dans le nord, et où l'on ne trouve plus d'habitans. C'était la patrie du fameux Ferdoussi, l'Homère de la Perse.

Extrait d'une note de M. Jouannin, chevalier du Soleil, et premier Drogman de France.

Le cinquième, Hussein-Ali-Mirza, commande à Chiras.

Le sixième, Mouhammed-Kouli-Mirza est dans le Mazenderan, patrie de la Famille régnante ; les autres enfans de Sa Hautesse sont auprès d'elle et sans emploi.

Fetli-Ali-Chah aime la poésie et compose des Odes. Ses chants célèbrent ordinairement les beautés de son Harem.

Dix Provinces.

L'Azerbaidjan, (ancienne Médie) la culture est soignée : on n'y trouve point de bois.

Le Guilan donne les soies.

Le Mazenderan, on assure que d'immenses trésors y sont enfouis.

On trouve dans le Korassan, les turquoises et des mines d'or et d'argent.

Le Curdistan, dont Siné est la capitale.

L'Irak-adjem, c'est l'ancienne Parthide.

Le Lourestan.

Le Farsistan, dont Chiras est la capitale. Au nord de cette ville, Persepolis.

Le Kerinan, Caramanie.

Le Derhtistan.

Les persans chérissent leur Roi jusqu'à l'excès, et les qualités qu'ils remarquent en lui leur font concevoir les plus flatteuses espérances.

Les caravanes sont fréquentes d'Iserd à Kandahar et à Herat : elles sont obligées de traverser d'immenses déserts salés, et tout s'y porte à dos de chameau.

D'après une carte de Beauchamp, Tehéran est à trente-huit lieues de la mer Caspienne. Quoique les russes ne soient maîtres que de la moitié des côtes, ils sont cependant les seuls navigateurs. Les persans ont en aversion le métier de la mer. Les navires russes ont une mâture particulière, nécessitée par les fréquens orages et les tempêtes subites de cette mer.

Le 27 Janvier je quitte Tehéran, accompagné d'un Interprète, d'un Officier persan et de quelques domestiques. Nous prenons la route la plus courte pour aller à Bagdad. Celle par Ispahan est la plus fréquentée.

Dix heures de Tehéran à Rabat-kérim. Nous trouvons beaucoup de villages, et comme une nuit obscure nous avait surpris, nous les reconnaissons aux aboiemens des chiens. Nous demandons à prix d'argent d'être reçus, mais en vain. « Nous ne vous connaissons pas. » Du reste on voyage en Perse dans la plus grande sûreté. Il n'y a point de voleurs : il peut être arrivé qu'un persan ait pris par curiosité, ce qui lui tombait sous la main.

Plaines incultes et qu'on ne peut pas cultiver, parce qu'il ne pleut pas.

Onze heures de Rabat-kérim à Kavier. Ruines d'un superbe caravanserai. Sur la route, des pierres qui indiquent des mines de fer et de cuivre. Aux environs de Kavier on sème de l'orge, on cultive des arbres fruitiers. Les habitans sont riches en bestiaux. Nous voyons beaucoup de gazelles. Les terres en plusieurs endroits sont couvertes de sel.

Neuf heures de Kavier à Keuskein, village de sept à huit maisons. A cinquante pas, on voit les ruines d'un autre village qui était fort grand. Le mois de Janvier a ses rigueurs pour la Perse. Les montagnes sont couvertes de neige. Il gèle très-fort toutes les nuits, et jusqu'à neuf heures nous éprouvons un froid vif. Le chemin est beau et en plaine : on pourrait aller en carrosse.

Ni sequins ni louis d'or ne sont connus en Perse. Le ducat de Hollande, est la monnaie étrangère qui a cours. Il gagne même comme dans toute la Turquie. Aux environs de Keuskein, champs de pistachiers.

Trente Janvier. Sept heures de Keuskein

à Kémeroun : neige avec un vent très-froid qui nous incommode beaucoup. La route est dans une montagne. Dans les vallons on voit des vignes dont le raisin est, dit-on, excellent. On ferait du bon vin. Celui de Schiras ne vaut pas sa réputation. Nous avons vu les ruines de deux villages qui devaient être considérables.

Kémeroun est une petite ville de cent maisons. Elle est fortifiée à la manière persanne. Son territoire produit du bled, de l'orge, et on y trouve d'excellens chevaux.

Sept heures de Kémeroun à Ravaran : 60 maisons. La cheminée est un trou au milieu de la chambre et vous êtes enfumés. Quelques peupliers, quelques noyers aux environs du village,

Premier Février. Sept heures et demie de Ravaran à Marac. Nous traversons un désert. La terre était couverte d'un pied et demi de neige, et quelquefois nos chevaux en avaient jusqu'au ventre. Les persans s'appliquent un emplâtre de boue sous les yeux pour moins souffrir de la reverbération de la neige. En sortant de Ravaran, on voit tomber les murailles d'un village abandonné.

Deux Février. Grèle et vent. Par notre firman de route, notre logement était marqué à Nadji-Babad ; mais ce nom n'était pas exactement écrit, et sous ce prétexte les habitans n'ont pas voulu nous recevoir. On dit même que si nous avions voulu entrer par force, on nous aurait massacrés.

Il faut avouer qu'il est difficile de voyager dans cette contrée. Nous avons été dix heures pour aller de Marac à Naserabat, pauvre village où nous avons trouvé un toit hospitalier.

Cinq heures de Naserabat à Bubm-abac : 50 maisons. L'habitant loge et nourrit gratuitement le voyageur. Orge, bled. J'aurais dû faire un seul compte de tous les villages en ruines que je rencontre ; mais que sont devenus les habitans ? Ici on nous fait un bon accueil et des présens de fruits.

Quatre Février. Dix heures de Bubm-abac à Hamadan. Belles plaines, mais nous n'avons pas pu reconnaître leur culture. Elles étaient couvertes de quelques pieds de neige. Dans cette contrée, ces temps froids sont extraordinaires, et les habitans ne se les rappellent pas, mais les supportent bien. Ce sont des Parthes qui sont robustes et bien faits. Avant d'arriver à Hamadan, ruines d'Ecbatane de

l'ancien

l'ancien Testament. On convient que c'est ici sa place et non Tauris.

Hamadan est au centre d'une belle vallée cultivée et entourée de villages. Cette ville a douze mille maisons, des mosquées et des fabriques de toiles.

Douze heures d'Hamadan à Sardabat. Après avoir quitté le territoire fertile d'Hamadan, on passe sur un pont, la rivière d'Elven. Les montagnes qui dominent portent le même nom, et sont fort hautes. Sardabat a une avenue de peupliers et d'abricotiers. Comment recueillir quelques connaissances, nous arrivons tard, et nous partons de grand matin ? J'écris mon voyage en voyageant.

Six Février. Nous ne voyons plus aujourd'hui la neige que sur les montagnes qui bornent l'horison. Nous voyageons par le plus beau temps du monde. La verdure naissante, le chant des alouettes annoncent le prochain retour du printemps, dans cette vallée fertile traversée de ruisseaux, couverte de troupeaux et de villages.

Sept heures de Sardabat à Kenagvar : 200 maisons, et les débris pompeux du palais de Kosroës. Ce n'est pas le temps, mais la barbarie qui a renversé cet édifice. Les pierres surprennent par leur énorme grandeur. On voit un grand nombre de tronçons de colonnes de marbre blanc, avec leurs chapiteaux d'ordre corinthien.

Le persan ne sort pas de sa ville. Les Grands qui vont quelquefois d'une province dans l'autre portent leurs tentes; mais l'étranger est toujours au caravanserai. C'est une véritable écurie. S'il n'y a point de caravanserai, on cherche à vous placer chez un arménien. C'est demain le grand Baïran des persans, fête où ils mangent un agneau.

Six heures et demie de Kenagvar à Saana: 50 maisons. Quantité de pruniers et d'abricotiers. On passe une petite rivière sur un pont digne d'être remarqué: il y a deux redoutes. J'ai vu d'autres ponts avec la même défense. Les bords de la rivière étaient couverts de canards. Les chemins sont beaux et ressemblent à ceux d'Europe qui sont ferrés. On traverse une vallée étroite couverte de troupeaux de vaches et de jumens. Ces animaux ont chacun une couverture. J'ai vu semer le coton: c'est la saison en Perse. Avec toutes les libéralités de la nature, les habitans de Saana, depuis le premier jusqu'au dernier sont misérables.

Sept heures de Saana à Bisetun. Chaussée en grandes pierres ; et détruite en beaucoup d'endroits. On passe sur un beau pont la rivière de Dyamasa. Plaines de bled de Turquie et de coton, et célèbres par une victoire de Nadir-Chah sur les turcs. Plus loin sur un rocher élevé, on voit une croix et les douze Apôtres sculptés.

Bisetun a une trentaine de maisons et un grand caravanserai bâti par Chah-Abbas. Il y a des écuries pour trois cents chevaux.

Sept heures et demie de Bisetun à Kermanchab, dans une plaine dont une partie est inculte, parce qu'elle manque d'eau. Avant d'entrer dans cette ville on passe devant un beau caravanserai.

Ali-Mirza, fils aîné du Roi, âgé de vingt-sept ans, gouverne cette Province. Il est valeureux et adroit à manier le sabre. Sa Cour est nombreuse. Sa garde de dix mille hommes d'infanterie, est remarquable par un bonnet fort haut et fort pointu. Son Grand-Visir, Hussein-Khan, a un grand crédit même à Tehéran.

Cette Cour est bien différente de celle de Tauris. Chose difficile à concevoir, on n'y a pas la moindre idée du Souverain et de la capitale de la France ; ce que nous avons jugé par les questions qu'ils nous faisaient sur Napoléon et sur Paris.

Kerman-chab a dix mille maisons, est entouré de murailles, de tours et de fossés qu'un cheval pourrait franchir en plusieurs endroits.

Sept heures et demie de Kerman-chab à Maidecht, sur une petite rivière poissonneuse : 45 maisons et un caravanserai. Quoique au milieu de Février, j'y ai vu semer. On compte sur la pluie. Dans les îles de l'Archipel il y a une sorte de bled qu'on sème à la fin de Février, et qu'on récolte à la fin de Mai. Le grain est petit, mais donne beaucoup de farine. Carottes et navets d'une belle espèce. Dans un espace de cent lieues, nous n'avons vu qu'un arbre sur le chemin.

Les persans sont les meilleures gens du monde; mais leur langage, je l'ai déjà dit, est exagéré. En entrant dans une maison, le maître vous dit de disposer de tout, et que la maison est à vous. Un Visir vous assure que sa province entière est à votre disposition.

Huit heures de Maidecht à Harnabat : 55 maisons. Nous traversons des plaines, dont toutes les parties ne sont pas cultivées. On passe ensuite une montagne de marbre.

Dix heures de Harnabat à Kérin. J'écris ces noms comme je les entends prononcer. On voit avec plaisir sur le chemin, quelques chênes et des arbres fruitiers sauvages. Des boulets de canon indiquent la place d'un combat.

Douze heures de Kérin à Bourabab. Un beau ciel, une campagne riante, des troupeaux de gazelles, une petite rivière qui suit le chemin : aujourd'hui, quel plaisir de voyager en Perse ! Les arts y ont passé aussi : on le reconnaît aux ruines d'une fontaine sur la route. On voit sur les hauteurs des tentes de Curdes. Ce petit village est habité par eux. Quoiqu'ils ne soient pas indépendans, on ne fait pas de ces gens-là ce qu'on veut. Leurs femmes partagent leur genre de vie. Nous sommes logés sous leurs toits de joncs. Il y a dix-huit mois que le Chah-Zadé, fils du Roi, qui est à Kerman-chah, est venu ici et a traité les habitans en rebelles. Hommes et femmes qui n'avaient pas fui, ont été mis à mort.

Sept heures de Bourabab à Katim-kérim. Marche dans un désert où nous avons senti toute la force du soleil. Terres couvertes de sel. Avant d'arriver au caravanserai, on suit les ruines de l'ancienne Katim-kérim. Elles ont une demie lieue. On distingue encore la Forteresse à l'entrée de la ville. Les pierres des portes et des remparts sont énormes. On dit cette ville détruite depuis deux cents ans.

Sept heures de Katim-kérim à Kamaki, dans une plaine de mûriers et de dattiers : il y a cent maisons et un caravanserai. Dans le voyage de Chardin, il y en a de dessinés, et tous ceux que j'ai vus lui ressemblent. La rencontre d'une caravane a été une distraction agréable. Nous nous trouvons au milieu de cinq cents personnes à cheval. Des femmes en litières, ou dans des paniers, des enfans, un bagage considérable : une grande partie de ce monde venait d'accompagner le corps du frère du Roi de Perse à Imam-moussa, aux environs de Bagdad. Ce pays appartenait à la Perse, et les Grands s'y font enterrer. Les femmes suivent ces Convois funèbres.

Dix-sept Février. Sept heures de Kamaki à Caseulabac : 30 maisons. Des ruines indiquent qu'autrefois il y en avait davantage. La route est dans une plaine immense et aride, couverte des tentes noires des Curdes. Les persans disent y avoir remporté une victoire. Dans ce pays frontière, c'est un mélange de nations et de mœurs. Les villages sont peuplés par des persans, des curdes, des arabes, des turcs : tous sont confondus. Les femmes vont le visage découvert. — Il y a peu de bled et d'orge. Palmiers, amandiers et autres arbres fruitiers.

Depuis hier je suis sorti de la Perse. J'ai dit dans ce Journal ce que j'avais vu en passant. On ne juge pas une nation dans un séjour si court; mais en quittant cette contrée il m'est permis de former des vœux pour la nation persanne. Puisse Feth-Ali-Chah profiter de l'amitié du Grand Napoléon, et former son état militaire sur le modèle du nôtre! Puisse-t-il en protégeant la Religion catholique, jouir de ses bienfaits, voir la réforme des mœurs par le travail, faire fleurir le commerce par la bonne foi! Puisse-t-il, en répandant l'abondance dans les villes et dans les campagnes, les repeupler et faire oublier tous les maux d'une longue révolution!......

Huit heures de Casculabaç à Charaban : 40 maisons. On est toujours dans une belle plaine, et qui serait encore mieux cultivée si on pouvait profiter des eaux du Kara-sou, qui sont trop basses pour les faire remonter. Nous rencontrons une grande quantité de mulets chargés d'esturgeons.

Dix-neuf Février. Vent de siroc. Dix lieures de Charaban à Bacouba : 80 maisons. Le village est dans une forêt de palmiers. Pour y arriver, on traverse une plaine de bled et d'orge, et la rivière de Charaban. Les chambres des Caravanserais n'ont ni portes ni fenêtres, on est seulement à l'abri de la pluie. Les habitans sont fort étonnés si nous demandons un tapis ou un rideau pour couvrir la porte. Eux ne craignent ni chaud ni froid.

Treize heures de Bacouba à Bagdad. En sortant de Bacouba ; on passe dans une barque la rivière de Dialla. Après quatre heures de marche, on trouve le caravanserai d'Hortacan, et ensuite par une plaine aride, sans eau absolument, on descend à Bagdad situé sur le Tigre dont l'eau est plus pure et plus limpide que celle de l'Euphrate, et nourrit de meilleurs poissons. Quatre-vingt-dix mille ames. Alep en a le double au moins. Les Basars de Bagdad sont beaux. On voit un caravanserai ; dont la construction remarquable remonte à huit cents ans. Il paraît avoir été un temple. Commerce considérable avec Constantinople. Un négociant m'a étonné en me disant qu'il avait été acheter des diamans en Europe pour les revendre ici. Les perles sont à bon compte.

Il n'y a point d'hiver ici. Cette saison se change en printemps. Les rives du Tigre sont couvertes de verdure et de fleurs. — A deux journées, on trouve les ruines de Babylone ; mais on m'a dit qu'elles ne donnent pas l'idée de la magnificence de cette ville. A six heures de Bagdad, façade d'un temple du soleil, bien conservée.

Le château sur les bords du Tigre et pour en défendre le passage, a besoin de réparation. Il y a une salle d'armes et de l'artillerie commandée par un français, M.r Raymond. Soliman, Pacha de Bagdad, a environ trente ans. Dans la dernière guerre avec la Perse, (il y a deux ans) il fut fait prisonnier ; et conduit à Tehéran, et bien traité. Il vient d'être confirmé dans son Pachali. Depuis cent trente ans, la famille de Soliman règne, et est aimée à Bagdad. — Je croyais toutes les femmes malheureuses en Turquie et en Perse, mais dans un serail il y a de beaux jardins, des fêtes, des jeux, de la musique, des danses, les richesses de l'Orient, de l'amitié. On m'a assuré que les Sultanes n'envient pas le sort des européennes, et qu'elles sont attachées à leurs mœurs. Un Seigneur persan me disait : depuis que nos femmes savent que nous avons des relations avec les francs, elles nous dédaignent et ne cessent de nous le reprocher. — On ne parle à Bagdad que des Vahabites. Ces vainqueurs sortis des déserts de l'Arabie, peuvent mettre sous les armes, environ trois cents mille hommes ; ils montent deux sur un chameau, et se nourrissent avec un peu de farine.

Ils s'étendent depuis Mosul jusqu'à la Mer rouge. Il y a quatre-vingt-dix ans, que Cheh-Mahmad, d'une origine obscure, chassé de Damas, de Bagdad et de Bassora, se refugia à Naged. Cette Tribu arabe et son Prince adoptèrent sa religion. Ils adorent un seul Dieu. Il est défendu de se raser la barbe, de boire du vin et de fumer ; leur habillement ne doit pas avoir de la soie. La Mecque, Médine, Bahren, Mascat, tout le Naged et Damas sont tombés au pouvoir des vahabites. Voici les règlemens publiés à Damas, relativement aux chrétiens et aux juifs.

RÈGLEMENS.

Les chrétiens et les juifs ne pourront bâtir ni dans l'intérieur de la ville, ni dans le territoire, aucune espèce d'Église, ni Couvens, Maisons épiscopales, ni Hermitages.

Ils ne pourront avoir des maisons, Églises ou Couvens, à côté des murailles des maisons turques.

Ils devront élever les portes de leurs Églises et Couvens à une hauteur telle, que les voyageurs musulmans puissent y entrer, sans être obligés de se baisser.

S'il se présente de ces voyageurs chez eux, ils devront les héberger et nourrir pendant trois jours et trois nuits.

Ils devront respecter les turcs, et leur céder la place dans la rue, s'ils la leur demandent.

Leurs habillemens ne devront pas être égaux à ceux des turcs, ni par la couleur, ni par la richesse.

Ils ne pourront porter sur leur tête, ni capuchons, ni rien qui approche de la coiffure des turcs.

Ils ne pourront pas parler la langue arabe littérale.

Ils ne pourront pas se donner des noms turcs.

Ils ne pourront pas monter sur des selles.

Ils ne pourront porter sur eux des sabres, ni aucune espèce d'armes, ni en avoir dans leurs maisons.

Leurs bagues en forme de cachet, ne pourront pas porter d'inscription arabe.

Ils ne pourront pas vendre du vin.

Leur tête devra être entièrement rasée.

Leur costume devra être scrupuleusement conforme à l'ordonnance.

Leur ceinture devra être simple, très-étroite, et liée sous le ventre.

Leurs croix et leurs livres de Religion ne devront pas être montrés publiquement.

Les cloches ne pourront être sonnées dans

leurs églises, que de manière à n'être pas entendues par les turcs, et ils ne pourront prier qu'à voix basse, soit à l'église, soit à leurs funérailles.

Si les turcs voulaient prendre quelques anciens cimetières pour les cultiver, ou y bâtir, ils ne pourront pas l'empêcher.

Ils ne pourront pas regarder les maisons turques par les fenêtres ou terrasses.

Si un turc tue un chrétien, ou un juif, les parens ne pourront exiger du turc que le prix du sang, sans aucune autre punition.

Moyennant l'observation des susdits articles, les chrétiens et les juifs jouiront de la sûreté personnelle ; mais à défaut, ils seront réputés coupables, et comme tels soumis aux plus rigoureuses punitions.

Deux Envoyés Vahabites se sont présentés ces jours derniers aux portes de Bagdad : Nous venons, disaient-ils, prouver au Pacha la vérité de notre religion, ou adopter la sienne s'il peut nous persuader. Soliman a fait défendre l'entrée de Bagdad à ces Envoyés. Ici un turc ayant tué un juif, cette nation qui jouit d'un grand crédit, parce qu'elle fournit des sommes considérables au Pacha, a demandé vengeance. Le Pacha a convoqué le Cadi qui a prononcé, que pour punir le turc, la loi voulait qu'il eût tué sept juifs.

L'Officier que le Roi de Perse m'avait donné s'en retourne avec sa suite ; et je fais marché avec deux tartares pour me mener en poste à Constantinople.

Huit heures de Bagdad à Deuçalé. Beau chemin. On retrouve de temps en temps les bords du Tigre.

Dix heures de Deucalé à Delabas, sur la rivière de ce nom : 12 maisons misérables. Pain d'orge : heureux d'en trouver ! En été, le soleil est si fort dans cette plaine, que les voyageurs ne peuvent la traverser que la nuit. Nous voyons quantité d'aigles et d'hirondelles.

Nous entrons dans la Mésopotamie, pays des Pasteurs, qui rappelle Abraham et Loth qui se séparèrent, à cause de leurs nombreux troupeaux.

Quatorze heures de Delabas à Tifri. Journée fatigante; mais il faut suivre notre tartare infatigable. A peine endormis, il nous réveille. Il voudrait nous nourrir comme lui, de pain et de lait aigre. Ces gens-là sont tous intéressés, et se font chèrement payer pour des dépenses qu'ils ne font pas; car en Turquie, le Grand-Seigneur fait tous les frais de poste, et un bacchi (étrenne) suffirait. Vos tartares promettent de vous nourrir, c'est-à-dire, qu'ils partagent avec vous ce qu'on leur donne gratis. J'avais payé le mien pour qu'il me fournît des poules: il n'en trouvait jamais, mais il trouvait des œufs. Du reste, ils sont généralement fidèles, et se piquent surtout d'apporter et rendre leurs dépêches, et de conduire avec sûreté les voyageurs, à qui ils sont absolument nécessaires. Ils sont connus et craints aux postes. Par-dessus une casaque rouge et blanche, ils ont un manteau noir et blanc; un bonnet noir et jaune. Aucun tartare ne peut quitter Bagdad, sans une permission du Pacha, et le Pacha lui-même, toutes les fois qu'il en expédie, leur donne quatre cents piastres raïges pour leurs frais de voyage fixé à vingt-cinq jours. Les anglais leur accordaient en outre, une gratification de cent piastres raïges, pour chaque jour qu'ils mettraient de moins, et cinq cents piastres raïges pour chaque jour qu'ils retrancheraient de seize.

Nous rencontrons les queues que le Grand-Seigneur envoie au Pacha de Bagdad, et qu'on porte en grande cérémonie.

Huit heures de Tifri à Douscurmaten : 400 maisons. Des champs de bled, d'orge, de riz, arrosés par une infinité de ruisseaux, font un paysage animé par des troupeaux. Les jardins étalent toutes les beautés de la nature. — Oliviers, palmiers, pruniers et abricotiers couverts de fleurs, rangés sans symétrie, mais serrés les uns près les autres, forment une forêt. On dit les habitans bons. Les richesses de la campagne rendent l'homme heureux.

Treize heures de Douscurmaten à Tésein. Nous changeâmes de chevaux à Tahout. — On laisse reposer toutes les terres pendant un an. — Nous voyons des *Tumulus*. Ces tombeaux des héros sont des élévations considérables de terre, sur lesquelles on célébrait des fêtes funèbres en leur honneur. J'ai vu des villagesqui paraissent construits sur des *Tumulus*.

Dix

Dix heures de Téseïn à Altun-keupri ; avec un pont sur la rivière de ce nom : 500 maisons. Nous payons une escorte de cavaliers. Le pays commence d'être dangereux pour les voyageurs. Les champs sont bien travaillés.

Aujourd'hui vingt-neuf Février, nous avons eu pendant la nuit, une pluie accompagnée de tonnerre.

Premier Mars. Beau temps. Treize heure d'Altun-keupri à Encavau : 120 maisons. Les habitans sont la plupart chaldéens. J'ai vu chez eux la Bible et plusieurs livres d'église en latin, imprimés à Rome par la Propagande.

Une lieue avant d'arriver, on passe par Harbil sur le plateau d'une petite colline que je crois un *Tumulus*. La bataille d'Arbelles, rappelle la fin de l'illustre famille de Darius. Avant la conquête de la Perse, Alexandre tint sa cour à Arbelles. Il y avait plusieurs tombeaux de Rois. Les plaines sont entièrement cultivées. Ce sont des mulets qu'on attache à la charrue. Comme dans toute la Turquie, les terres payent cinq pour cent du revenu. La capitation est de 90 parats (3 liv. de France.)

Deux Mars. Onze heures d'Encavau à Kara-coche : 500 maisons. Turcs et catholiques

Syriens : ces derniers sont venus au-devant de nous, et nous ont reçus avec effusion de cœur. La même religion nous rapproche de suite. L'Evêque est venu nous voir, appuyé sur une crosse de bois. Je crois qu'il n'en a pas d'autre. Son Église est pauvre et menace ruine. — Pour arriver, on passe la rivière de Kerp, sur des radeaux faits simplement avec des branches d'arbres entrelacées et soutenues par des outres. Un homme sur une outre conduit les chevaux à la nage. Cette rivière se jette dans le tigre. A une lieue de-là, on passe à gué le Kaseur. Quelques villages qu'on rencontre sont habités par de bons et riches laboureurs.

Trois Mars. Cinq heures de Kara-coche à Mosul, sur le Tigre, avec un pont de bateaux qui se joint à un pont de pierres de seize arches. Sa population est de cent-vingt milles ames ; quatre mille catholiques, dont on tire de l'argent tant qu'on peut. Ils ont payé cette année soixante mille francs. Naaman, Pacha à deux queues, a environ cinquante ans. Sa garde est composée des jeunes-gens les plus distingués de son gouvernement, mais elle est peu nombreuse. Il a un fils auprès de lui : je lui ai parlé de la France qu'il ne connaît nullement. Les voyageurs sont logés chez deux Prêtres catholiques, dont l'un est médecin du Pacha, ce qui ne l'enrichit pas, mais lui donne occasion de protéger quelquefois les fidèles. Le Pacha nous envoie du pain, des dattes, etc. C'est un présent de quelques piastres qu'il fait à tous les étrangers qui doivent traverser le désert, où pendant deux jours on ne trouve aucune habitation, ni aucune ressource pour la vie. — Les curdes inquiètent souvent Naaman.

« Il paraît que jusques à ce jour, le Kur» distan a peu intéressé les voyageurs, et » par conséquent les Géographes. Son éloi» gnement, la situation presque inaccessible » de ses montagnes, la rusticité de ses ha» bitans ont été des obstacles à le connaître.

» Ce pays est placé entre les confins de la » Mésopotamie et de la Perse : son étendue » est à-peu-près de vingt-cinq jours en lon» gueur et dix en largeur : il se divise en » cinq Principautés mahométanes; savoir: » celle de Berlis; de Gezira, dite Botan, » qui était l'ancien royaume des Botans; de » l'Amedie, dite Badinan; de Geiclamerk, » dite Sciambo; et enfin celle de Karrac» ciolan qui se divise en deux, dont une

» s'appelle Baban, et a pour capitale Soli-
» man; l'autre, appellée Koi-sangiak, dite
» Soran.

» Le Kurdistan fait partie du mont Tau-
» rus : ce ne sont que montagnes très-hau-
» tes, qui forment entre elles des vallons extrê-
» mement fertiles en fruits, en riz, en lé-
» gumes et en bons pâturages. Les monta-
» gnes abondent en noix de galles, et en
» herbes médicinales. On y voit multiplier
» beaucoup de chèvres sauvages, dont les
» cornes sont d'une énorme grandeur, et de
» plus, beaucoup de bêtes féroces.

» Les Princes n'y règnent pas par suc-
» cession de père en fils; mais après la mort
» du Régnant, le plus fort s'empare du gou-
» vernement, pourvu, toutefois, qu'il soit de
» la même famille.

» Le langage tire son origine du persan,
» mais c'est un mélange d'arabe, de turc, de
» chaldéen et de persan.

» Dans toutes ces Principautés on compte
» un grand nombre de villages qui sont peu-
» plés de plus de cent mille habitans. La plu-
» part sont nestoriens : ils connaissent l'Em-
» pereur Napoléon; et font des vœux pour
» lui. On y trouve des Jacobites et beau-

» coup d'Arméniens : tous ont leurs Evê-
» ques respectifs.

» Les curdes sont ignorans, fainéans, en-
» têtés et voleurs. Les chrétiens et les juifs
» ont leurs *patrons mahométans* qui ont sur
» eux pleine autorité, excepté pourtant sur
» la vie, et qui toutes les années exigent
» d'eux une somme d'argent. » *

A quelques lieues au nord de Mosul était Ninive, la plus grande et la plus magnifique ville d'Assyrie, entourée de mille tours. Les murs avaient cent pieds de hauteur, trois chars y passaient de front. Ninive n'est plus qu'un village.

Quatre heures de Mosul à Emadat, village sans habitans. Ils vont au loin avec leurs troupeaux chercher des pâturages. Nous nous emparons des maisons pour passer la nuit.

Sept heures d'Emadat à Okná. Dans le désert on remarque les ruines de Karabasi, de Dolajer, de Keuser-keutri. Le pont est rompu : à côté était un Fort. Les arabes d'Okna sont sous la protection du Pacha de Bagdad, qui a fait construire sur une hauteur une

* Extrait d'une Note d'un Missionnaire de Mosul.

enceinte, où les habitans se retirent l'hiver, et qu'ils abandonnent le printemps. Cinq frères partagent l'autorité. Nous avons trouvé ces arabes sous leurs tentes dont les toits et les contours sont d'osier. L'ouverture change à tout vent, et lui est toujours opposée. Les chevaux sont attachés sur le devant, et les troupeaux errent à l'entour.

Nous jouissons aujourd'hui du tableau de la vie pastorale. Les arabes nous présentent du miel, des dattes, du lait aigre et du riz. La bonté, la simplicité, les vertus de l'âge d'or se retrouvent ici. L'hospitalité est sacrée chez eux. Quand vous avez un pied sous leur tente, vous devenez leur hôte et leur ami. Ce curde qui vous aurait dépouillé, il n'y a qu'un moment, vous défendra au péril de sa vie.

Seize heures d'Okna à Keleva. Pluie. *La pluie du matin réjouit le pélérin.* Nous eûmes ensuite le plus beau temps du monde pour découvrir le mont Saindjar, asile ordinaire des plus fameux brigands de l'Asie. Le désert n'est point désert, pour nous. — Nous rencontrons plusieurs caravanes, une de plus de trois cents charges de café.

A Constantinople, on se passerait plutôt de pain que de cette boisson.

Dix heures de Keleva à Uscïbein : 150 maisons. Adieu le désert : nous sommes dans des champs couverts de troupeaux : de tous côtés, des villages. Je n'ai noté que Dogoul et Telicher. Ce dernier est remarquable. On passe sur un antique pont la rivière de Jarjar.

Onze heures d'Usebein à Mardin : 12000 maisons. Sept cents nestoriens, quatre cents catholiques et un Evêque. Il faut gravir pendant une heure sur une montagne de rochers pour arriver à la ville dominée par un Fort, dont Tamerlan fit le siége sept ans : il fut obligé de se retirer. L'air y est pur. Toutes les figures sont blanches et fraîches. C'est sur des élévations qu'il faudrait construire les villes. Commerce de coton. Les maisons de Mardin ont toutes des terrasses dont la vue magnifique s'étend sur des plaines immenses et fertiles. C'est dans les environs, à Kasibilegs-arat, qu'Alexandre et Darius se rencontrèrent pour la première fois. Nous voyons des arbres : depuis quatre jours nous n'en avions pas vu. Les vignes produiraient de bon vin, mais on sèche le raisin. A quatre heures de Mardin, à Gaour-ori, Abraham se retira quand il fut séparé de Loth. A Ourfa, le paradis terrestre. Il est perdu, mais si la morale de l'Évangile était bien observée, on le retrouverait partout.

Neuf Mars. Nous ne pouvons pas quitter Mardin malgré nos instances. Le caprice, l'humeur de Mousselim, peut-être l'intérêt du tartare ou du maître de poste nous retiennent deux jours. Ici nous sommes logés chez l'Archevêque, M.gr Tasbas : il est le troisième Evêque de sa famille. L'un est mort à Constantinople, et a laissé un long souvenir de ses vertus. Celui-ci vit avec ses frères qui le servent à table. Les plus jeunes en Asie, sont les serviteurs de leurs aînés. Le Gouverneur à notre départ, me fit faire, par un des Grands, des excuses et des invitations que je refusai. Nous apprenons qu'une caravane venant d'Alep a été attaquée par les curdes. On s'est battu, quelques personnes ont été tuées, d'autres blessées.

Onze Mars. Neuf heures de Mardin à Harpouar : 20 maisons. Le chemin est fort inégal. On monte et on descend continuellement. On passe par Kokous, qui sépare les Pachalis de Bagdad et de Diarbékir.

Douze Mars. Pluie. Dix heures de Harpouar à Diarbékir, l'ancienne Amida. Eudoxie, sœur de l'Empereur Théodose, fit bâtir les remparts. Ils sont d'une grande hauteur et en pierres de taille. On voit les ruines d'un arc de triomphe, une mosquée qui était une Église, sous le titre de St. Jean. Dans le Fort il y a encore une Église très-ancienne : 80,000 habitans, dont 350 catholiques chaldéens dont le nombre augmente tous les jours. L'Evêque M.gr Agostino Hindi, y est depuis trois ans, et a été mis deux fois en prison et chargé de chaînes. Les environs de Diarbékir sont bien cultivés et fertiles. Une partie est arrosée par le Tigre.

Huit heures de Diarbékir à Kervété-kané, (on prononce Chervété-kané). La route est belle. On passe une rivière sur un beau pont pour arriver à ce village ruiné et désert, où nous couchons dans une écurie, entassés et enfumés. On nous fait beaucoup d'histoires de voleurs.

Quatorze Mars. Neuf heures de mauvais chemins, de Kervété-kané à Hargana : 60 maisons adossées à une montagne vers le milieu de sa hauteur, et habitées par des curdes et quelques turcs. Nous arrivons avec deux caravanes chargées de marmites et de cuivre des mines de Maden.

Six heures de Hargana à Maden-la-petite. Marche dans des montagnes métalliques et noires, dont il faut atteindre le sommet. La neige sous les pieds, la pluie sur la tête. De tous côtés, des torrens qui se précipitent avec fracas dans la rivière de Maden, que nous avons traversée sur un pont. En entrant dans la ville, on voit les ateliers et les forges : 2000 maisons.

Seize Mars. Il faut huit heures de Maden à Kejan-kané, et on ne fait que trois lieues : ce qui donne l'idée de la difficulté de gravir sur la montagne cuivreuse de Mehrab. Elle était couverte de neige qu'un vent impétueux et froid fesait tourbillonner sur nous. On marche toujours sur les bords d'abymes profonds. Il n'y a pas d'années qu'il ne périsse des hommes et des animaux dans ce passage. On doit prendre des gens du pays, qui frayent le chemin, et peuvent vous sauver.

Dix-sept Mars. Temps très-froid. Après avoir marché encore quelques heures dans des montagnes couvertes de neige, on entre dans une riche vallée où l'on peut compter plus de quinze villages. On s'arrête à celui de Kermiluki : 60 maisons arméniennes ou turques.

De Kermiluki à Isolurg : 100 maisons. Beaucoup de curdes. On aime à rencontrer ce peuple sobre et cavalier. Caravanserai construit par Amurat, et ruines d'un château sur un rocher. Plaine appellée des chênes : elle en est couverte. Terres où l'on semait de l'orge. Le chemin suit un bras de l'Euphrate.

Neuf heures d'Isolurg à Malathie. En sortant, on passe le fleuve dans une barque. Deux heures après, on passe à gué la rivière de Kismaychai, et ensuite un torrent qu'on doit être fort embarrassé de traverser après de grandes pluies. Malathie a 2000 maisons. J'avais appris que M.r de la Blanche, premier Secrétaire de l'Ambassade à la Porte, * venait d'être volé dans les environs. Je me présentai chez le Mousselim (Gouverneur), pour lui demander une escorte : il me répondit qu'il ne pouvait pas m'en donner, mais qu'au reste elle me serait inutile, et que je serais arrêté. Il n'y a, me dit-il, que Isouf-Pacha qui est à Maden-la-

---

* Chargé par l'Empereur Napoléon d'une mission auprès de Feth-Ali-Chah, il revenait de Perse.

grande, qui puisse vous faire passer. Ce Prince n'est point déclaré rebelle à la Porte, envoyez-lui un tartare. Le mien venait de Bagdad, et j'étais sûr qu'il serait au moins mal reçu, Isouf-Pacha et Soliman étant ennemis déclarés. Je me vis alors à sa disposition, et je n'hésitai pas de demander des chevaux pour aller moi-même à Maden. Que faire en effet dans ma position ? Reculer n'était pas un parti convenable, et j'étais sûr d'être arrêté si j'avançais. Je n'avais de ressource que dans le caractère noble et généreux d'un ancien Grand-Visir, et d'un Général d'armée que j'avais connu d'ailleurs à Erzerum, où il avait donné des fêtes à l'Ambassadeur, mais les temps étaient changés. En sortant de chez le Mousselim, on me conduisit encore chez un Sous-Gouverneur que je trouvai, au coin du feu, étendu sur un tapis, enveloppé dans une fourrure. Sa voix était faible, et il me parut plus mort que vif. Je lui exposai le parti que je prenais : il l'approuva, me fit présenter du café, et je pris congé.

Me voilà sur la route de Maden. Je mis six heures de Malathie à Noraman. Je repassai l'Euphrate sur un beau pont, et je traversai à gué plusieurs torrens enflés par les pluies. Nous trouvons sur la route un tartare expédié par Isouf-Pacha. Les miens le questionnent curieusement, et nous apprenons que ce Prince venait d'obtenir ce qu'il désirait, les Pachalis de Maden et de Diarkebir. Sa réconciliation avec la Porte nous rassura. Le lendemain, après onze heures de marche, nous nous arrêtons à Emir : 60 maisons. Terres argileuses. Les chevaux avaient beaucoup de peine à s'en tirer. On labourait dans quelques endroits. Nous passons par Kérégilé-Baindir, bourg considérable. Les habitans sont curdes. Les femmes ont un mouchoir qui couvre exactement le menton et la bouche ; le reste du visage est découvert. D'Emir à Maden-la-grande trois heures, dans un chemin étroit entre deux montagnes. Avant d'entrer dans la ville, on trouve une rivière rapide, appellée dans le pays *Frate*, et qu'on ne passe pas sans une permission que j'attendis une heure. J'obtins en même-temps l'entrée dans la ville et un logement chez le Seraf (Trésorier), qui m'accompagna chez le Pacha. Isouf me parut triomphant, me reconnut et m'accueillit fort bien. Il me dit qu'il me garderait quelques jours. Je lui demandai la grâce de repartir le lendemain. Je lui racontai mon aventure : il me dit qu'il me ferait continuer mon voyage avec sûreté, et que l'ordre serait bientôt rétabli dans son gouvernement. A chaque instant, des courriers, des cavaliers, des tartares entraient, et lui donnaient des nouvelles et des dépêches. Le Prince, son écritoire auprès de lui, expédiait tout. Il ordonna au Séraf de me traiter avec distinction; et me témoigna le désir de me revoir le lendemain avant mon départ. Cet ancien Grand-Visir est fait pour commander; il conserve encore malgré son âge, les forces de l'ame, de l'esprit et même du corps. Le lendemain, je fus de grand matin prendre congé de lui. Il me donna un de ses tartares et quelques cavaliers pour m'accompagner. On m'a assuré, et je le crois, que c'étaient les voleurs qui avaient arrêté Mr de la Blanche. Tout tremble sous Isouf-Pacha.

Maden-la-grande est environnée de montagnes minérales, et située elle-même sur une montagne. Il y a deux mille maisons, un basar, une mosquée. On n'exploite plus la mine d'argent, mais on tire encore de l'or et du cuivre.

Quatre heures de Maden à Saradjeux : 60

maisons habitées par des curdes qui cultivent bien leurs champs.

Neuf heures dans des terres en friche et argileuses, sans voir aucune habitation, pour arriver à Horlonne : 100 maisons. Quand vous arrivez au Memzil (auberge), les curieux remplissent bientôt la salle, vous regardent de la tête aux pieds, s'asseoient près de vous, et fument. Notre habillement les étonne, ils le regardent avec dédain : ils disent qu'il n'a pas la noblesse du leur. Rien de si ennuyeux que toutes ces visites quand vous êtes fatigué, mais que faire ? Il faut respecter le caractère et les usages des peuples chez qui on voyage, gagner leur confiance et leur amitié : c'est dans l'intérieur de leurs maisons qu'on étudie leurs mœurs. Les Chefs de ces petits endroits, aiment beaucoup l'eau-de-vie.

Neuf heures de Harlonne à Assen-Badrie : 100 maisons. Pour arriver, on passe à gué le Kourouché, souvent difficile et dangereux. Tous ces curdes ne veulent pas reconnaître d'autorité.

Le vingt-six Mars. Temps couvert et pluie qui nous accompagne dans des montagnes qui semblent tomber sur nous, et que nous passons avec une grande sécurité, escortés par les voleurs d'Isouf-Pacha.

Six heures d'Assen-Badric à Kékin-Khan : 80 maisons et une mosquée. Le caractère des habitans semble opposé à celui des curdes que nous avons quittés hier. Ils sont essentiellement bons.

Quatre heures de Kékin-Khan à Assen-Tchéleb : 50 maisons, dont les environs sont plantés d'arbres, et d'autant plus agréables que l'on vient de quitter des gorges de montagnes. On passe et repasse la rivière d'Olourchair. Tous ces petits villages sont commandés par des Agas avides, qui ne manquent pas de vous faire une visite, et de vous demander des présens. Ils en exigent, s'ils peuvent, de vos tartares. — Les armes, les montres que j'ai vues en Asie, sont de fabrique anglaise.

Nous marchons huit heures dans la neige et les brouillards pour arriver à Alaga-Khan : 30 maisons et un caravanserai.

Dix heures de Alaga-Khan à Dechli-tach : 30 maisons. Mon Interprète qui est d'une Province du nord de la France, dit que de sa vie il n'avait vu autant de neige. A la fin de Mars il en tombe beaucoup en Asie, mais

mais cette année la quantité qui est tombée, est extraordinaire.

Cinq heures de Dechli-tach à Houlach : 24 maisons. Gouvernement de Chapan-Oglou. Le chemin est dans des marais. Le peuple est si misérable, qu'on ne peut changer une monnaie d'or : il n'y a presque pas de numéraire.

Sept heures de Houlach à Sivas (Sebaste) : 4000 maisons. Des mosquées, une horloge que le Pacha fit placer, il y a quatre ans. La situation est agréable. Elle est dans une plaine arrosée par une rivière qu'on passe sur un beau pont. Dans ce moment, Ali, Pacha d'Amasie, et Hamet fils de Chapan-Oglou, se disputent Sivas. Ils ont tous deux des Firmans. * Le Mousselim n'en a pas, et dans l'absence des prétendans, il est le véritable Pacha, et il commande despotiquement à Sivas. Il me refuse la permission de partir aujourd'hui.

Premier Avril. Le temps est beau. Les troupes des deux prétendans en profitent pour quelques escarmouches. A quatre heures, tous les combattans étaient de retour en parfaite

---

* Le premier avait un Firman de Sélim, et le second de Mustapha.

santé. Il y a un Fort en mauvais état et quelques pièces de canon aux portes de la ville.

Neuf heures de Sivas à Inki-khan. On passe sur un pont le Kizilermach. La vallée est fertile : on y semait l'orge. Il y a dans ce pays quelques catholiques. Les Missionnaires avaient fait anciennement beaucoup de bien dans cette contrée. Sous Louis XIV, ils ont étendu le règne de la religion, et la gloire de leur Prince. J'ai voyagé avec un Missionnaire, j'ai souvent admiré combien la religion rend faciles tous les sacrifices. Mon Père, quel mauvais temps ! Monsieur, confions-nous à la Providence. —Mon Père, nous sommes logés aujourd'hui dans une écurie. — Pensons à l'étable de Bethléem. — Nous ne nous tirerons jamais de ce chemin. — Béni soit Dieu ; avançons. C'est avec ces vertus et ce courage qui leur concilient l'estime des peuples, que les Missionnaires vont au bout du monde.

Dans ce moment, en Turquie, des Prêtres catholiques sans aucun ordre, de leur propre mouvement, prient Dieu tous les jours pour l'Empereur Napoléon.

Douze heures d'Inki-khan à Tocat, où nous avions passé en Octobre dernier. C'est la ville de Turquie où les catholiques ont le plus de liberté ; mais dans toute cette partie de l'Asie où l'on ne compte guères que cent mille catholiques, les Evêques et les Prêtres exposés chaque jour à des avanies, sont dans la misère.

Neuf heures de Tocat à Turkal : 160 maisons. En été, beaucoup de fruits, et surtout de melons. On y dit la chaleur excessive. Les chemins sont beaux. Nous ne trouvons pas de chevaux aux postes. Ali, Pacha d'Amasie, les a tous pris dans sa suite. On croit qu'il s'est retiré en Russie. Voilà le fils de Chapan-Oglou débarrassé de son concurrent.

Douze heures de Turkal à Amasie, patrie de Strabon : 4000 maisons. Beaucoup d'arméniens. Une belle mosquée : une promenade sur le bord de la rivière. Un français y tient une fabrique de tabac. Après deux montagnes fort élevées, la descente est resserrée entre deux rochers noirs, et semble être le chemin du Ténare. La vallée s'ouvre ensuite ; elle est plantée en mûriers. Le printemps renaît. La terre féconde est émaillée de fleurs. Chaque arbre est un bouquet. Amasie est dans une gorge : c'est un four en été. Elle est dominée par un Fort bâti par les grecs, sur la pointe aiguë d'un rocher. Comment y peut-on arriver ? Tous les voyageurs devraient être dessinateurs : un crayon serait plus utile qu'une plume. Un beau dessin ferait mieux connaître un pays, que tous ces détails topographiques.

Huit heures d'Amasie à Merzifoun : 2000 maisons. Ville commerçante. Marais, salines, et le bourg de Kor-queuil très-peuplé.

Douze heures de Merzifoun à Osmangik. Jolie petite ville avec un beau pont sur le Kilimar, et un Fort qui domine.

Huit heures d'Osmangik à Hadgi-khan, village.

Neuf heures d'Hadgi-khan à Totiah, petite ville dans une situation riante, et peuplée par des grecs. Les troubles de la Cappadoce et de la Natolie, interrompent les postes et retardent les voyageurs. En Europe, on vous demande le temps de faire boire les chevaux, et en Turquie, celui de les ferrer.

Douze heures de Totiah à Hamanli, sur la rivière du même nom. On retrouve ici la chèvre d'Angora ; moins vive et moins capricieuse que la nôtre, elle semble porter avec orgueil sa riche robe.

Onze Avril. Il tombe encore de la neige

sur les neiges qui couvraient les montagnes, et qu'il faut traverser.

Douze heures d'Hamanli à Bolly, bourg considérable, et riche par son commerce de bois. On passe par Kérédé qui paraît agréable et peuplé.

Douze Avril. Neige. Montagnes couvertes de pins et de sapins, que la vétusté fait tomber les uns sur les autres. Douze heures de Bolly à Duzgeh. Il n'y a que quelques maisons. On est à six heures de la Mer noire. Quand vous n'avez pas un Firman du Grand-Seigneur, vous ne pouvez trouver de logement que dans les cafés, ce qui est désagréable pour les français qui aiment la propreté, toujours bannie de ces lieux.

Mustapha, nouveau Sultan, rigide observateur de la loi, fait défendre absolument le vin et l'eau-de-vie. On n'en trouve point maintenant dans les cafés.

Les deux tartares qui m'accompagnent apprennent ici, que leur vieux père arrivait de Constantinople; ils vont au-devant de lui. Celui-ci les reçoit avec un air d'autorité. Ses enfans lui présentent l'eau pour laver les mains, et lui ôtent les bottes. Qu'on aime à voir rendre à un père, ces marques de vénération

Treize Avril. Beau temps : perdu pour nous, faute de chevaux.

Le quatorze. Onze heures de Duzgeh à Endez : 50 maisons dans les bois. Dans la route on est encore dans les bois de hêtres si épais qu'il faut baisser la tête, pour ne pas être aveuglé. On tire du gland de hêtre, une huile propre à brûler. Nous entendons des coups de fusil, on se bat ; mais un voyageur en passant ne peut pas reconnaître cette guerre. Tous les villages se barricadent et se fortifient. Les turcs descendent d'un peuple conquérant, dont ils conservent l'habit et la fierté.

Dix heures d'Endez à Saban-jeu. Les cartes marquent Sabaudjé : 50 maisons. La route est encore dans les bois. Chemin mal-entretenu et rompu. Il est du temps des grecs. On traverse ensuite des marais sur une longue et belle chaussée en planches. Les bords de l'étang navigable de Saban-jeu sont faciles et agréables.

Neuf heures de Saban-jeu à Nicomédie, (Nautis Comidia). Marais et torrens qu'on passe à gué. Nous ne trouvons pas de chevaux, et nous nous embarquons sur un caïque (grosse barque). Après quarante-deux heures de navigation, nous entrons le dix-huit Avril, dans le canal de Constantinople, par la Mer blanche. On sait que ce coup-d'œil est ce qu'il y a de plus magnifique au monde. Les jardins du serail, Constantinople en amphithéâtre, ses dômes, ses mosquées, l'Europe, l'Asie, les deux mers forment un point de vue, dont une description ne peut donner l'idée. Un anglais venu de Londres, s'est promené sur le canal pour jouir de ce spectacle, et est reparti de suite, sans débarquer à Constantinople.

Quand on part pour l'Asie, on doit oublier les commodités de la vie et les agrémens de la société. Les jeunes-gens doivent y bien penser, avant d'entreprendre un voyage aussi long; ils ne se décideront que par des motifs purs et nobles, comme les intérêts de la Religion, du Prince ou du Commerce.

Dans trois jours de navigation, nous fûmes de Constantinople à Varna, où l'on trouve des chariots couverts qui vous mènent dans cinq jours à Roustouk, et le lendemain à Bucharest. Je mis cinq jours de Bucharest à Temeswar.

Les habitans de la Hongrie ont différentes origines. Les véritables hongrois descendent des huns, une autre partie des esclavons, et les valaques, des romains, qui ont été conduits dans ce pays par Trajan. La population est de quatre millions trois-cent mille ames. On n'y comprend pas la Transylvanie, la Croatie. Les revenus de l'État, consistent dans les impositions foncières, les postes, les domaines, les salines et mines qui appartiennent en entier au Gouvernement.

Dans les assemblées de ce Royaume, il n'y a que des nobles, et ils le sont dans le caractère, les actions, les manières, les habitudes, les mœurs, les habits. Les hongrois sont tous unis par l'amour du Prince et de leurs privilèges. Ils viennent d'offrir cent millions de florins à François II, qui est adoré par ses vertus. En passant à Temeswar, il est descendu dans les cachots, pour connaître le sort des criminels qu'il a adouci.

Le pays est fertile : une terre de cent mille florins, rend facilement dix mille florins, mais la Hongrie manque de bois.

Les haras militaires sont dans la forme de régiment, avec colonels, majors, etc.

M.r le Chanoine Radvany, possède une collection de médailles rares et d'objets antiques. Une statue du Soleil, un Hercule de bronze, un Zéphyre, un Vase d'agathe sont remarquables.

Les promenades, les agrémens de la société, l'abondance de tout ce qui est nécessaire à la vie, rendent Temeswar tous les jours plus peuplé.

La Constitution de Hongrie est simple. Le Palatin convoque les États. Les Évêques et Magnats composent la première table. Les Comtes et Barons représentent les villes, et forment la seconde table. La loi est consentie par le Roi et les deux tables. Un de ces trois pouvoirs qui refuse, suffit pour la faire rejeter.

La Hongrie se divise en cinquante-quatre Comitats, présidés par un Vicomte qui termine les affaires ordinaires.

Les pandoures sont une milice payée par les Autorités civiles du pays, pour la sûreté des chemins.

On vient d'élever à Vienne sur la place de la Cour, la Statue équestre de Joseph II, avec cette Inscription sur le piédestal :

Imp. Josepho II augusto,
qui felicitati publicæ non diù,
sed totus vixit.

On admire depuis un an, dans l'Église des Augustins le tombeau de Marie-Christine d'Autriche, Duchesse de Saxe-Teschen; exécuté par Canova. La vertu couronnée de fleurs, tient à la main et conduit deux jeunes filles vers le tombeau : la Bienfaisance mène un enfant et soutient un vieillard. Un Génie appuyé sur un lion, représente la fermeté. Le portrait de la Princesse est dans un médaillon entouré par le symbole de l'immortalité, et soutenu par un génie qui lui présente la palme de ses vertus.

A la Manufacture impériale, il y a des tableaux admirables en porcelaine.

Le Prater, presqu'île du Danube, ombragée par des hêtres et des chênes, est l'après-dîné, le rendez-vous de toute la ville. Ce concours de monde, cette belle nature, ces plaisirs simples, adoucissent les mœurs. Le peuple de Vienne est poli et paisible.

Je partis de Vienne le 22 Mai, et le 9 Juin, j'ai remis à Bayonne, au Ministre, les dépêches et deux décorations du grand Ordre du Soleil, une pour M. de Talleyrand, Prince de Benevent, et l'autre pour M. Maret, Ministre et Secrétaire d'État, C.te de l'Empire. Cinq jours après, je partis pour Marseille, où, grâce à Dieu, j'arrivai heureusement le 18 du même mois 1808.

FIN.

ITINÉRAIRE ET TABLE.

---

* Heures de marche d'une Caravane.

Novembre.

1	Jungelli, 8 heures.	*Pag.* 26
2	Diadem, 12 h. un quart.	*id.*
3	Bagasied, 11 h.	28
4	Arabe-Dalési, 8 h.	30
5	Kara-iné, 9 h.	31
6	Zorava, 7 h.	32
7	Qu-oye, 9 h. et demie.	33
8	Séjour.	
9	Tersoucht, 12 h. un quart.	34
10	Chébister, 10 h.	35
11	Tebris ou Tauris, 11 h.	*id.*
12, 13, 14, 15,	Séjour.	
16	Seid-abad, 6 h. trois quarts.	40
17	Tikmetach, 9 h. un quart.	*id.*
18	Turkmaun, 10 h.	*id.*
19	Moïna, 9 h. et demie.	41
20	Ar-keuï, 10 h.	*id.*
21	Herman-qbânô, 9 h. et demie.	42
22	Zing-hian, 8 h. et demie.	*id.*
23	Sultanié, 9 h. et trois quart.	43
24, 25, 26,	Séjour.	
27	Ebher, 12 h. un quart.	*id.*
28	Caswin ou Casbin, 7 h.	44
29 et 30	Séjour.	
31	Hassar-abad, 3 h. et dem.	46

Décembre.

1	Carbous-abad, 10 h.	47
2	Kiémal-abad, 10 h.	*id.*

19 Bacouba, 10 heures. *Pag.* 88
20 Bagdad, 13 h. *id.*
21, 22, 23, Séjour.
24 Deucalé, 8 h. 94
25 Delabas, 10 h. *id.*
26 Tifri, 14 h. 95
27 Douscurmaten, 8 h. 96
28 Tésein, 13 h. *id.*
29 Altun-keupri, 10 h. 97

Mars.

1 Encavan, 13 h. *id.*
2 Kara-coche, 11 h. *id.*
3 Mosul, 5 h. 98
4 Emadat, 4 h. 101
5 Okna, 7 h. *id.*
6 Kéleva, 16 h. 102
7 Useïbein, 10 h. 103
8 Mardin, 11 h. *id.*
9, 10, Séjour.
11 Harpouar, 9 h. 104
12 Diarbékir, 10 h. *id.*
13 Kervetó-kané, 8 h. 105
14 Hargana, 9 h. *id.*
15 Maden-la-petite, 6 h. 106
16 Kejan-kané, 8 h. *id.*
17 Kemiluki. *id.*
18 Isolurg, 11 h. 107
19 Malathie, 9 h. *id.*
20 Noraman, 6 h. 108
21 Emir, 11 h. 109

Fin de l'Itinéraire et de la Table.

VOCABULARIO

ITALIANO, PERSICO ET TURCO,

COMPOSTO

Da Sua Altezza Serenissima TIMURAT MIRZA,
Principe di Giorgia :

DEDICATO

A M. DE GARDANE, fratello della Sua Eccellenza
l'Ambasciatore di Francia appresso l'Imperatore
di Persia.

AVIS
AU LECTEUR.

LA difficulté de trouver dans l'Alphabet Français des lettres, dont la prononciation puisse répondre exactement à celle de quelques lettres Arabes, Persanes et Turcques, nous a obligés d'employer, tantôt des lettres doubles, tantôt de joindre une lettre à une autre, et d'une prononciation différente, quoique ce système soit loin de donner une idée précise de la manière pénible et dure avec laquelle se prononcent les langues Orientales, il n'est pas moins vrai qu'avec le secours de quelques remarques, on ne puisse remédier en partie à cet inconvenient; et nous avertissons le Lecteur de lire avec attention, et avant de commencer l'Ouvrage, les observations suivantes :

1.re *Hha :* Cette lettre est une aspiration très-forte.

2.e *Kha :* Pour bien prononcer cette lettre, il faut supposer que l'on veut expectorer, et que la luette touche légèrement le voile du palais.

3.° *Ghain* : Elle se prononce comme le R grasseyé des parisiens ou des provençaux.

4.° *Kaf* : La prononciation de cette lettre s'approche beaucoup de celle du Q français, dans le mot *Quoique*.

5.° *Wau* : Elle se prononce comme la syllabe *ou*, dans le mot *oui*.

6.° *Hé*, comme l'*H* aspirée, dans les mots *hardi*, *ha* ! Voilà en quoi consiste tout le changement que nous avons cru devoir faire dans ce petit Vocabulaire.

Le Prince persan, Auteur de cet Ouvrage, s'était servi des lettres grecques et italiennes pour ce que nous venons de faire en français. A présent il nous reste à dire un mot de l'Ouvrage lui-même.

L'Auteur l'a divisé en trois parties : la première contient un recueil de mots séparés ; la seconde, la déclinaison de quelques noms tant au singulier qu'au pluriel, au masculin qu'au féminin ; et la troisième, comprend les conjugaisons de plusieurs Verbes très-utiles et très-nécessaires.

VOCABULAIRE
ITALIEN, PERSAN ET TURC.

Italiano.	*Farsiesco.*	*Turkiesco.*
Dio, Iddio,	Khuda,	Allah, Rabbi.
Gesu-Cristo,	Issa-Massihi,	Issa-Massihi.
Lo Spirito Santo,	Ruhul Cudus,	Ruhul Cudus.
La Vergine Maria,	Azrati Mariam,	Arzati Mariam.
L'Angelo,	Fari,	Malak.
Il Santo,	Ghirami,	Aziz, Cherif.
Il Cielo,	Asman, Falek,	Gucuk.
Il Paradiso,	Behecchet,	Gennat.
L'Inferno,	Duzak,	Gehennam.
Il Diavolo,	Gin,	Cheitan.
Il fuoco,	Od,	Atechc.
L'aria,	Hava,	Hava.
La terra,	Kak,	Torbak.
L'acqua,	Ab,	Sou.
Il mare,	Daria,	Denguiz.
Il solè,	Avtab,	Guniche.
La luna,	Mah,	Ay.
Il pianeta,	Sitara,	Ilduz.
Il raggio,	Rovchan, Nur,	Chola, Chapk.
La nuvola,	Abr,	Bulut.

Italiano.	*Farsiesco.*	*Turkiesco.*
Il vento,	Bad,	Iel, Ruzigar.
La pioggia,	Baran,	Yaghmuri
Il tuono,	Raad,	Ildirim.
Il baleno,	Barich,	Chimchak.
La grandine,	Tagark,	Tolu.
Il fulmine,	Saaica,	Ildurum.
La neve,	Barp,	Kar.
Il gelo,	Sarma,	Tong.
Il ghiaccio,	Jak,	Bouz.
La ruggiada,	Chabnam,	Tchii.
La nebbia,	Meh,	Duman.
La tempesta,	Moug,	Fourtuna.
Il caldo,	Garma,	Isti.
Il freddo,	Sarma,	Souk.
Il sereno,	Havai saf,	Aiaz.
Il giorno,	Ruz,	Gun.
La notte,	Chab,	Guedgé.
Il mazzo dì,	Zor,	Gunorta.
Il mezzo dì,	Nispchab,	Euilé.
La mattina,	Suf,	Sabah.
La sera,	Chab,	Akcham.
L'ora,	Sâth,	Sâhat.
Il quarto d'ora,	Ick rub,	Birrub sâhat.
La mezz'ora,	Nisf saet,	Iarim sâhat.
Il secolo,	Asr,	Zaman.
La stagione,	Eïam,	Fassyl.
La settimana,	Hevté,	Hevté.
Il mese,	Mah,	Ay.

Italiano.	*Farsiesco.*	*Turkiesco.*
L' anno,	Sal,	Jl.
La primavera,	Bahar,	Iaz.
La stato,	Tabistan,	Yai.
L' autunno,	Faiz,	Son-Bahar.
Il verno,	Zimistan,	Kyche.
Il Lunedì,	Duchembe,	Bazarertazi.
Il Martedì,	Sechembe,	Solguni.
Il Mercoledì,	Cerchembe,	Khazguni,
Il Giovedì,	Fangichembe,	Adnaguni.
Il Venerdì,	Giuma,	Giuma, Guni.
Il Sabato,	Chambe,	Adna irtasi.
La Domenica,	Ickhchembe,	Bazar, Guni.
Il Marzo,	Farvardi,	Azar, Maharam.
L' Aprile,	Urdibhchct,	Nisan, Safar.
Il Maggio,	Biman, Khurdad,	Eiar, Rabeil, Awal,
Il Giugno,	Tir,	Heziran, Rabeil akhir,
Il Luglio,	Murdad,	Tamuz, Giumadil awal.
L' Agosto,	Chahrivar,	Ab, Giumadil, akhir.
Il Settembre,	Mehr,	Jlule, Ragib.
L' Ottobre,	Aban,	Techerini awal, Chaban.
Il Novembre,	Azar,	Techerini sani, Ramazan,
Il Decembre,	Dejden,	Kanouni awal, Chawal.

Italiano.	*Farsiesco.*	*Turkiesco.*
Il Gennajo,	Isfandar,	Kanouni sani, Zilkeda.
Il Febbraio,	Muz,	Chobat, Zil hel gua.
Il pane,	Nun,	Ciorak, etmek.
Il vino,	Charab,	Charab.
La carne,	Guchet,	Et.
Il pescé,	Mai,	Balyk.
Il lesso,	Fokta guchet,	Kaynamicho et.
L'arrosto,	Kabab,	Kabab.
La minestra,	Chorpa,	Chorpa.
Il brodo,	Abiguchot,	Et souy.
L'insalata,	Khahu,	Salata.
Il formaggio,	Penir,	Penir.
Il frutto,	Meiva,	Iemiche.
La tavola,	Sofra,	Sofra,
Il coltello,	Ciacu,	Bidgeak.
La forcina,	Cencal,	Techetal.
Il cucchiaio,	Cachuk,	Kachik.
La saliera,	Cabinamak,	Touz Cabi.
L'acetajo,	Cabi sirkha,	Sirko cabi.
Il zuccarino,	Cabi chakar,	Skar cabi.
Il candelliere,	Chamedan,	Chamedan.
La candela,	Mumcham,	Mum.
La tazza,	Kesa,	Kaese.
La scodella,	Bochecab,	Cenak.
La vacca,	Cucheti car,	Jnek.
Il castrato,	Cucheti cusrand,	Coineti.

Italiano.

Italiano.	*Farsiesco.*	*Turkiesco.*
Il vitello,	Gionga,	Tana.
L'agnello,	Barra,	Kouzi.
La gallina,	Murgh,	Tawouk.
Il gallo,	Kouruz,	Kourouz.
Il piccione,	Kabutar,	Gogarcin.
Lo storno,	Sighircin,	Sghyrghik.
L'allodola,	Murghabi,	Ceirçuchi.
La quaglia,	Guncechik,	Bildurdgin.
Il galinaccio,	Bukalamun,	Hind taoughy.
L'occa,	Caz,	Cazi.
L'anitra,	Ordagh,	Ordek.
La lepre,	Cargache,	Torchan.
Il porco,	Kuq,	Dunguz.
Il sale,	Namak,	Touz.
Il pepe,	Filfil,	Istiot, Bibar.
L'olio,	Rouganiczton,	Zeictuniachi,
	Pougan,	Yagh.
Il butiro,	Rouganikara,	Kara yagh.
L'aceto,	Sirka,	Sirke.
Il garofano,	Caromfil,	Caromfil.
La canella,	Daricin,	Darcind.
La melarancia,	Tuiing,	Tourungue.
Il limone,	Limo,	Limon.
Il pignuolo,	Fustuk,	Fustuk.
L'aglio,	Sir,	Sarimzak.
La cipolla,	Fiaz,	Soghan.
La linguatolla,	Tel mahi,	Tel paluk.

Italiano.	*Farsiesco.*	*Turkiesco.*
L'anguilla,	Mar mahi,	Ilan baliguhi.
Li spinaci,	Ispanaghe,	Ispanaghe.
Il riso,	Bring,	Dughi.
La bietola rossa,	Sabzi,	Pangear.
Il ranno,	Sib,	Alma.
La pera,	Armud,	Emroud.
La persica,	Chavetatu, hulu,	Chestal.
La ciriegia,	Ghilaz,	Keraz.
Il fico,	Angir,	Indger.
La susina,	Zardalu,	Erik.
L'uva spina,	Angur,	Ouzum.
La mora,	Tute,	Tute.
La cotogna,	Beh,	Haiva.
La melagrana,	Nar,	Enar.
Li confetti,	Chirin,	Chakharsanca.
La noce,	Gardu,	Gucuse, goz.
La nocciuola,	Findek,	Founduk.
La mandola,	Badam,	Badem.
Il padre,	Fudaribuz urgh,	Baba.
La madre,	Madar,	Ana.
Il nonno,	Fudar,	Dede.
La nonna,	Madribuz urgh,	Benkana.
La figlia,	Dukhlar,	Kyz.
Il fratello,	Buradar,	Guardache.
La sorella,	Kaïr,	Bagi.
Il zio,	Hamu,	Hamoudgia.
Il suocero,	Fudaricain,	Kynata.
La suocera,	Madaricain,	Kaynana.

Italiano.	*Farsiesco.*	*Turkiesco.*
Il figliastro,	Fudariogua,	Ogaoghlan.
La figliastra,	Dukhtarioga,	Ogachiz.
La nuora,	Aruz,	Guelin.
Il bastardo,	Bù, aremzada,	Waledazina.
Il parente,	Kiche,	Koum.
L'amico,	Achna,	Dust.
Il nemico,	Khaïn,	Docheman.
Il vedovo,	Mardibira,	Tuladam.
La vedova,	Zanibira,	Tularvad.
L'uomo,	Mard,	Adam, Kichi.
La donna,	Zane,	Arvad.
L'uomo attempato,	Saldar,	Iacheli adam.
La donna attempata,	Zani saldar,	Iacheli arvad.
Il vecchio,	Mardifir,	Cogeman.
La vecchia,	Zanifir,	Cogecari.
Il marito,	Fir,	Coge.
La moglie,	Firizan,	Cari.
Il putto,	Becca,	Ochak.
La vergine,	Dukhtar,	Bikre.
Il padrone,	Saïb,	Agha.
Il servo,	Khizmetkar,	Culugheilan.
Il cittadino,	Ahli chahari,	Charlu.
Il contadino,	Dehi,	Chantlu.
Il forestiere,	Bigana,	Gharibe.
Il ladro,	Bikeir,	Khiersir.
Il menello,	Harzagar,	Harza.

Italiano.	*Farsiesco.*	*Turkiesco.*
L' assassino,	Duzd,	Khesigi, ogri.
La testa,	Sar,	Bachie.
Il viso,	Ruh,	Sourat.
La fronte,	Fichani,	Alin.
L' occhio,	Chechemi;	Gucuz.
Il ciglio,	Abrevan,	Cache.
La palpebre,	Mugigan,	Kirpik.
L' orecchio,	Gouche,	Coulak.
Gli capelli,	Ghisavan,	Sagtechilar.
Le guancie,	Arez, rukzar,	Ingalar.
Il naso,	Bini,	Bourum.
Le narici,	Zouraksi bini,	Bourhindali ghlari.
La barba,	Samak,	Sakal.
La bocca,	Dahan,	Aghzi.
Gli denti,	Dandan,	Dichelar.
La lingua,	Zaban,	Dil.
Le labbra,	Lab,	Dodak.
Il palato,	Damagh,	Dimak.
La mascella,	Cena,	Cena.
Il colo,	Gardan,	Boïon.
La gola,	Gardangalou,	Boughia.
Il braccio,	Bazou,	Kol.
Il gomito,	Arang,	Dirzek.
La mano,	Daste,	Ala.
Il dito,	Angoucht,	Barniak.
L' unghia,	Nakun,	Tirnak.
Lo stomaco,	Mada,	Medé.

Italiano.	*Farsiesco.*	*Turkiesco.*
Il ventre,	Chikam,	Karine.
L'umbilico,	Naf,	Koubek.
La coscia,	Ran,	Boud.
Il ginocchio,	Zanou,	Diz.
La noce,	Sak,	Toubek.
Il piede,	Fai,	Ayak.
La statura,	Balacad,	Boï.
Il cervello,	Maks,	Beine.
Il sangue,	Kun,	Kane.
La vena,	Ragh,	Damar.
La pelle,	Fuste,	Deri.
Il cuore,	Dil,	Iourck.
Il fegato,	Gigar,	Gikar.
Il polmone,	Gigarisefedi,	Aghgikar.
Le budella,	Chikamba,	Baghyrasak.
Il fiele,	Zahra,	Odh.
Lo sputo,	Tuf,	Tukurmak.
La tosse,	Zurfe,	Okzurmak.
Il catarro,	Zukam,	Balgam.
Il fiato,	Nafas,	Nafas.
La voce,	Sida,	Saz.
La parola,	Arf,	Soz.
Il sospiro,	Kachiden,	Okchamak.
La vista,	Gemal,	Gokchak.
Il riso,	Diden,	Jouz.
L'udito,	Chineden,	Echtmak.
L'odorato,	Cuatibuiden,	Koukoulmak.
Il gusto,	Chechiden,	Tatmak.

Italiano.	*Farsiesco.*	*Turkiesco.*
Il lato,	Cuati malideli	Cuati lamisa.
Il libro,	Kitab,	Kitab.
La carta,	Kaghiz,	Kaghiz.
La coperta,	Kabi Kitab,	Kitab Kabi.
La penna,	Kalam,	Kalam,
L'inchiostro,	Murakf,	Mourckab.
Il calamaio,	Kalamdan,	Davatcalam.
Il temperino,	Kalamtrache,	Kalamtrache.
Il polverino,	Kabigar,	Rikdan.
La polvere,	Gar,	Rik.
La cera,	Lak,	Lak.
Il sigillo,	Mouhor,	Mouhor.
La lettera,	Murassila, rama)	Maktub.
La scrittura,	Nivichete,	Izmek.
La lezione,	Dars,	Dars.
La traduzione,	Targima,	Targima.
La memoria,	Ruznama,	Dastar.
La casa,	Kana,	Aou.
La porta,	Dar,	Kabou.
La camera,	Sarah,	Audah.
La finestra,	Panghera,	Banguiré.
L'invetriata,	Fangeraai, nadaro,	Gemli sangera.
La cucina,	Achefaskana,	Metbakh.
Il giardino,		Baghge.
Il letto,	Bam,	Tuan.
Il muro,	Divar,	Divar.
Il camino,	Ogek,	Ogek.

Italiano.	*Farsiesco.*	*Turkiesco.*
La trave,	Sutun,	Derek.
La tavola,	Takta,	Takta.
La pietra,	Sangh,	Tachç.
Il marmo,	Marmar,	Marmar.
Il fuoco,	Od,	Atache.
Il carbone,	Zogal,	Kumur.
La cenere,	Kakisar,	Kul.
Il legno,	Hirzum,	Odun.
Il fummo,	Dud,	Tusti, [illegible] tun.
La bracia,	Ninsuz,	Koz.
La pietra focaia,	Sanicukmak,	Chekm [illegible] lachi.
L'esca,	Cov,	Cov.
Le molle,	Ambur,	Macha.
La caldaia,	Dik,	Cazan.
Lo spiedo,	Zik, Babzan,	Chiche.
La serratura,	Kilit,	Kilit.
La scopa,	Geru,	Sufurga
Il Verbo,		*Feal.*
Leggere,	Canden,	Okuman.
Imparare,	Iadgirivten,	Organmak.
Scrivere,	Nivicheten,	Iazmak.
Piegare,	Mokr karden,	Moorlamak.
Tradurre,	Targimakarden,	Targima etmak.
Cominciare,	Istidakarden,	Bechelamak.
Finire,	Amal avurden,	Bitirmak.
Recitare,	Azbar sualkarden,	Azba so iamak.
Sapere,	Danisten,	Bilmak.

Italiano.	*Farsiesco.*	*Turkiesco.*
Volere,	Kasten,	Istamak.
Ricordare,	Fahmiden,	Annamak.
Scordare,	Faramuche karden,	Unutmak, Fikrindan chikaritmak.
Dire,	Gorten,	Demak.
Palpare,	Fursiden,	Soilamak.
Gridare,	Fariad karden,	Bagrimak.
Aprir la bocca,	Dahnuvakarden,	Agzini achimak.
Ammatolare,	Dahannig gadacheten,	Agzinisaklamak.
Dimandare,	Sualkarden,	Soruchemak.
Rispendere,	Gebab daden,	Gebabvermak.
Masticare,	Geiden,	Cheinamak.
Inghiottire,	Vuruburden,	Udmak.
Tagliare,	Buriden,	Kesmak.
Bere, bevere,	Achemiden,	Jcmak.
Mangiare,	Kurden,	Jemak.
Digiunare,	Ruzi ghirivten,	Orugitutmak.
Imbriacare,	Fursiden,	Soruchemak.
Pranzare,	Chestkurden,	Chestiemak.
Cenare,	Chamkurden,	Chamiemak.
Saziare,	Sircheuden,	Toimak.
Aver fame,	Guruknacheuden,	Ageolmak.
Aver sete,	Tachinacheuden,	Susuzolmak.

Italiano.

Italiano,	*Farsiesco,*	*Turkiesco.*
Aver appetito,	Ichetahacheuden,	Ichetai olmak.
Andar a letto,	Kabiden,	Iatmak, iuklamak.
Vegliare,	Bidarcheuden,	Oianmak, iukudandurmak.
Levare,	Barkasten,	Durmak.
Ripassare,	Asudacheuden,	Habatlanmak.
Addormentare,	Chioptzaden,	Finak, vurmak, imuzganmak.
Sognare,	Kabdiden,	Vaghiagormak, Dichegormak.
Vestire,	Fuchiden,	Gheimak.
Spogliare,	Birunaurden,	Cikartmak, soinmak.
Pettinare,	Arachkarden,	Tarlanmak.
Ridere,	Kandiden,	Gulmak.
Piaccre,	Gheriakarden,	Aglamak.
Sospirare,	Akachiden,	Aketmak.
Sorridere,	Tamachakarden,	Seiretmak.
Sbadigliare,	Buiden,	Iisinamak.
Starnutare,	Atsakarden,	Anksirmak.
Soffiare,	Badkarden,	Ufurmak.
Sputare,	Tufkarden,	Tukurmak.
Godere,	Nigakarden,	Bakmak.
Vedere,	Diden,	Gormak.
Tossire,	Sulfikarden,	Oksurmak.
Pizzicare,	Kaiden,	Ghigichemak.

Italiano.	*Farsiesco.*	*Turkiesco.*
Grattare,	Karichekarden,	Cechinmak.
Tremare,	Larsiden,	Titramak.
Amare,	Kasten,	Sevmak.
Accarezzare,	Kachevikarden,	Okchamak.
Lusingare,	Tamulkarden,	Tamuletmak.
Ammiccare,	Dustkarden,	Dostolmak.
Abbracciare,	Bagalaghirivten,	Cugeklanmak.
Bacciare,	Busiden,	Osmak.
Dare,	Daden,	Vermak.
Negare,	Inkarikarden,	Inkaretmak.
Difendere,	Sahabikarden,	Sahabliketmak.
Strapazzare,	Aziatkarden,	Ingitmak.
Battere,	Zaden,	Vurmak.
Castigare,	Cazabkarden,	Cazabetmak.
Frustare,	Tazianazaden,	Camcilamak.
Odiare,	Kidmatkarden,	Culukelamak.
Scacciare,	Rumden,	Coumak.
Abbandonare,	Rahakarden,	Brakmak. Tarketmak.
Mescolare,	Amikten,	Caricheturmak.
Giocare,	Bazikarden,	Oinamak.
Giocar alle carte,	Gangef abazikarden,	Kaghiz oinamak.
Vincere,	Bakten,	Utuzmak.
Guadagnare,	Sutkarden,	Cazanmak. Afarmak.
Sonare la chitarra,	Santurzaden,	Santurcelmak.

Italiano.	*Farsiesco,*	*Turkiesco.*
Alzare,	Gesten,	Calkmak.
Cavalcare,	Suarchuden,	Atamlnmak.
Star in piedi,	Barkasten,	Aiakdadurmak.
Saltare,	Gesten,	Siciramak.
Alzare,	Bardacheten,	Caldurmak.
Guarire,	Behkarden,	Sagalimak.
Star meglio,	Behcheuden,	Iakchiolmak.
Peggiorare,	Nakouche cheuden,	Azarlanmak.
Cavar sangue,	Kunghirivten,	Canalmak.
Prender servizio,	Dasturkarden,	Ocnaclamak. Dasturelamak.
Purgare,	Fakcheuden,	Tamuzlanmak. Tamizolmak.
Esaminare,	Azmuden,	Tagiribaetmak.
Tagliare,	Buriden,	Kesmak.
Pugnere,	Chikavten,	Sokmak.
Valere,	Govten,	Demak.
Prezzolaire,	Kiraghirivten,	Kirainantutmak.
Comprare,	Kariden,	Satinalmak.
Misurare,	Feimuden,	Olcimak.
Ingannare,	Bazidaden,	Aldatmak.
Andare,	Ravten,	Ghetmak.
Stare,	Barkasten,	Durmak.
Venire,	Amaden,	Ghelmak.
Camminare,	Kastacheuden,	Iorulmak.
Fuggire,	Deviden,	Cacimak.
Scampare.	Klaschuden,	Curtulmak.

Italiano,	*Farsiesco*,	*Turkiesco*.
Andare,	Ficheravten,	Ilarigeimak.
Tornare indietro,	Bargacheten,	Gheridonmak.
Allontanare,	Durcheuden,	Uzaklanmak.
Avvicinare,	Nazdikcheuden,	Iouklachemak.
Voltare,	Bargarden,	Dondarmak.
Cascare,	Ivtaden,	Duchemak.
Farsi male,	Noksandkachiden,	Zorarcekmak.
Giungere,	Rasiden,	Ietichemak.
Salire,	Turavten,	Ghirmak.
Uscire,	Balaravten,	Iokaricikmak.
Scendere,	Fainamaden,	Anmak.
Sedere,	Nichasten,	Oturmak.
Passeggiare,	Gardiden,	Ghezmak.
Lavorare,	Kuchichekarden,	Celichemak.
Locare,	Riikten,	Tokmak.
Legare,	Basten,	Baglamak.
Attacare,	Cespaniden,	Iafucheturmak.
Pigliare,	Ghirivten,	Almak.
Rubare,	Zaden,	Celmak.
Presentare,	Fichaurden,	Huzurinagheturmak.
Ricevere,	Cabulkarden,	Cabuletmak.
Spezzare,	Rizarizacheuden,	Farcelanmak.

Italiano.	*Farsiesco.*	*Turkiesco.*
Nascondere,	Fanahancheu-den,	Ghizlanmak.
Coprire,	Fuchiden,	Ortamak.
Scoprire,	Vahkarden,	Acimak.
Sporcare,	Nagichcheu-den,	Murtallanmak.
Nettare,	Fakcheuden, Tamuzcheuden,	Tamuzlanmak.
Ricordare,	Fahmiden,	Annamak.
Scordare,	Faramuchekar-den,	Unutmak.
Credere,	Bavarkarden,	Inanmak.
Osservare,	Nigadacheten,	Saklamak.
Sospettare,	Duchevarkar-den,	Ichchillanmak.
Avvertire,	Kabardaden,	Kabarvermak.
Conoscere,	Chinakten,	Tanumak.
Bramare,	Arzkarden,	Arzelamak.
Temere,	Tarsiden,	Corkmak.
Risolvere,	Karburiden,	Ichikesmak.
Fingere,	Kasmikarden,	Inadetmak.
Preparare,	Achetikarden,	Barichemak.
Dipingere,	Tasvirkarden,	Suratcekmak.
Disegnare,	Basmakarden,	Rasmetmak.
Legar un libro,	Kitab basten,	Kitab baglamak.
Stampare,	Furughirivten,	Basmak. Basma etmak.
Cucire,	Dukten,	Tikmak.

Italiano.	*Farsiesco.*	*Turkiesco.*
Seminare,	Kacheten,	Akmak.
Mietere,	Deraviden,	Bicimak.
Vendemmiare,	Baghkachiden,	Bagh baglamak.
Pescare,	Maichikarkar-den,	Baluk ovlamak.
Additare,	Anguchetnichan-daden,	Barmaghinan-gostarmak.
Tastare,	Tamamcheuden,	Tukanmak. Tamametamak.

DÉCLINAISONS DES NOMS.

Singolare.	*Mufridi.*	*Mufridi.*
Il Signore,	Sahib,	Sahib, Agha,
del signore,	sahibech,	aghadin,
al signore,	bi sahib,	aghaya,
il signore,	sahibi,	agha,
del signore,	az sahib,	aghadan,
col signore,	ba sahib,	agharnan,
nel signore,	dar sahib,	aghada,
o signore.	ei sahib.	ya agha.
Plurale.	*Gemi.*	*Gomle.*
Gli Signori,	Sahibha,	Aghalar,
degli signori,	sahibhaiech,	aghalarin,
agli signori,	bi saibha,	aghalara,
gli signori,	sahibha,	aghalari,
dai signori;	az sahibha,	aghalardan,
cogli signori;	ba sahibha,	aghalarinan,
nelli signori,	dar sahibha,	aghalarda,
o signori.	ei sahibha.	ya aghalar.

Italiano.	*Farsiesco.*	*Turkiesco.*
Singolare.	*Mufridi.*	*Mufridi.*
La donna,	Zan,	Arvad,
della donna,	zanech,	arvadin,
alla donna,	bi zan,	arvada,
la donna,	zani,	arvadi,
dalla donna,	az zan,	arvadan,
colla donna,	ba zan,	arvadinan,
nella donna,	dar zan,	arvada,
o donna.	ei zan.	ya arvad.
Plurale.	*Gemi.*	*Gomle.*
Le donne,	Zanha,	Arvadlar,
delle donne,	zanhaiech,	arvadlarin,
alle donne,	bi zanha,	arvadlara,
le donne,	zanha,	arvadlari,
dalle donne,	az zanha,	arvadlardan,
colle donne,	ba zanha,	arvadlarinan,
nelle donne,	dar zanha,	arvadlarda,
o donne.	ei zanha.	ya arvadlar.
Singolare.	*Mufridi.*	*Mufridi.*
L' anima,	Gen,	Gan,
dell' anima,	geniech,	ganin,
all' anima,	bi gen,	gana,
l' anima,	geni,	gani,
dall' anima,	az gen,	gandan,
coll' anima,	ba gen,	ganinan,
nell' anima,	dar gen,	gandan,
o anima.	ei gen.	ya gan.
Plurale.	*Gemi.*	*Gonile.*
Le anime,	Genha,	Ganlar,

Italiano.	*Farsiesco.*	*Turkiesco.*
Delle anime,	genhaiech,	ganlarin,
alle anime,	bi genha,	ganlara,
le anime,	genha,	ganlari,
dalle anime,	az genha,	ganlardan,
colle anime,	ba genha,	ganlarinan,
nelle anime,	dar genha,	ganlarda,
o anime.	ei genha.	ya ganlar.
Singolare.	*Mufridi.*	*Mufridi.*
L'amico,	Dust,	Dost,
dell'amico,	dustech,	dostun,
all'amico,	bi dust,	dosta,
l'amico,	dusti,	dostu,
dall'amico,	az dust,	dostdan,
coll'amico,	ba dust,	dostinan,
nell'amico,	dar dust,	dostda,
o amico.	ei dust.	ya dost.
Plurale.	*Gemi.*	*Gömle.*
Gli amici,	Dustha,	Dostlar,
degli amici,	dusthaiech,	dostlarin,
agli amici,	bi dustha,	dostlara,
gli amici,	dustha,	dostlari,
dagli amici,	az dustha,	dostlardan,
cogli amici,	ba dustha,	dostlarinan,
negli amici,	dar dustha,	dostlarda,
o amici.	ei dustha.	ya dostlar.
Singolare.	*Mufridi.*	*Mufridi.*
Lo splendore,	Rovchan,	Chafk, chola,
dello splendore,	rovchaniech,	chafkin,

Italiano.

Italiano.	*Farsiesco.*	*Turkiesco.*
Allo splendore,	bi rovchan,	chaſka,
lo splendore,	rovchani,	chaſki,
dallo splendore,	az rovchani,	chaſkdan,
collo splendore,	ba rovchan,	chaſkinan,
nello splendore,	dar rovchan,	chaſkda,
o splendore.	ei rovchan.	ya chaſk.
Plurale.	*Gemi.*	*Gomle.*
Gli splendori,	Rovchanha,	Chaſklar,
degli splendori,	rovchanhaiech,	chaſklarin,
agli splendori,	bi rovchanha,	chaſklara,
gli splendori,	rovchanhai,	chaſklari,
dagli splendori,	az rovchanha,	chaſklardan,
cogli splendori,	ba rovchanha,	chaſklarinan,
negli splendori,	dar rovchanha,	chaſklarda,
o splendori.	ei rovchanha.	ya chaſklar.
Singolare.	*Mufridi.*	*Mufridi.*
Io,	Man,	Ben,
di me,	az man,	benim,
a me, mi,	ba man,	bena,
me, mi,	man,	beni,
da me,	az man,	bendan,
con me, meco,	ba man,	beninan,
in me.	dar man.	benda.
Plurale.	*Gemi.*	*Gomle.*
Noi,	Mah,	Bizi,
di noi,	az mah,	bizim,
a noi,	bi mah,	biza,
noi,	mah,	bizi,

Italiano.	*Farsiesco.*	*Turkiesco.*
Da noi,	Az mah,	Bizdan,
con noi,	ba malı,	biziminan,
in noi.	dar mah.	bizda.
Singolare.	*Mufridi.*	*Mufridi.*
Tu,	Tu,	San,
di te,	az tu,	sanin,
a te,	bi tu,	sana,
te, ti,	tu,	sani,
da te,	az tu,	sandan,
con te, teco,	ba tu,	saninan,
in te,	dar tu,	sanda,
o te.	ei tu.	ya san.
Plurale.	*Gemi.*	*Gomle.*
Voi,	Chuma,	Siz,
di voi,	az chuma,	sizim,
a voi,	bi chuma,	siza,
voi,	chumara,	sizi,
da voi,	az chuma,	sizdan,
con voi,	ba chuma,	sizinan,
in voi,	dar chuma,	sizda,
o voi.	ei chuma.	ya siz.
Singolare.	*Mufridi.*	*Mufridi.*
Egli, esso,	Un,	Ol,
di lui, di esso,	az un,	onun,
a lui, a egli, ad esso,	bi un,	ona,
lui, egli, , esso,	ura,	onu,
da lui, da esso,	az un,	ondan,

Italiano.	*Farsiesco.*	*Turkiesco.*
Con lui, con esso,	Ba un,	Oninan,
in lui, in esso.	dar un.	onda.
Plurale.	*Gemi.*	*Gomle.*
Eglino, essi,	Unha,	Onlar,
di loro, d'essi,	az unha,	onlarin,
a loro, a essi,	bi unha,	onlara,
loro, gli, li, essi,	unha,	onlari,
da loro, da essi,	az unha,	onlardan,
con loro, con essi,	ba unha,	onlarinan,
in loro, in essi.	dar unha.	onlarda.
Questo, questa,	Ii,	Bou,
quello, quella,	uu,	ou,
lo stesso, la stessa,	khudecho,	ozi,
il medesimo, la medesima,	un kudeche,	o ozi,
il mio, la mia,	az man,	benum, benunki,
il tuo, la tua,	az tu,	senun, sonunki,
il suo, la sua,	az nu,	onun, onunki,
il nostro, la nostra,	az mah,	bizum, bizumki,
il vostro, la vostra.	az chuma.	sizun, sizunki.
Il mio,	Az man,	Benum, benunki,
del mio,	az mani,	benunkinin,
al mio,	az manira,	benunkina,
dal mio.	az manest.	benunkindan,
Il tuo,	Az tu,	Senunki,

Italiano.	*Farsiesco.*	*Turkiesco.*
Del tuo,	Az tui,	Senunkinin,
al tuo,	az tura,	senunkina,
dal tuo.	az turast.	senunkindan.
La mia,	Az man,	Benunki,
della mia,	az mani,	benunkinin,
alla mia,	az mara,	benunkina,
dalla mia.	az manest.	benunkidan.
La tua,	Az tu,	Seninki,
della tua,	az tui,	seninkinin,
alla tua,	az tura,	seninkina,
dalla tua.	az turast.	seninkidan.
Singolare.	*Mufridi.*	*Mufridi.*
Chi,	Ki,	Kim,
di chi,	az ki,	kimin,
a chi,	bi ki,	kima,
chi,	kira,	kimi,
da chi,	az ki,	kimdan,
con chi,	ba ki,	kiminan,
in chi.	dar ki.	kimda.
Plurale.	*Gemi.*	*Gomle.*
Quelli,	Kiha,	Kimlar,
di quelli,	az kiha,	kinlarin,
a quelli,	bi kiha,	kimlara,
quelli,	kihara,	kimlari,
da quelli,	az kiha,	kimlardan,
con quelli,	ba kiha,	kimlarinan,
in quelli.	dar kiha.	kimlarda.

CONJUGAISONS DES VERBES.

INDICATIVO PRESENTE.

Italiano.	*Farsiesco.*	*Turkiesco.*
Singolare.	*Mufridi.*	*Mufridi.*
Io sono,	Manam,	Benein,
tu sei,	tu i,	sin sin,
egli è.	u ast.	o dour.
Plurale.	*Gemi.*	*Gomle.*
Noi siamo,	Maim,	Bizik,
voi siete,	chumaist,	siz siniz,
eglino sono.	u haiend.	onlar dular.
IMPERFETTO.	GUZACHETE.	KECIMICHE.
Singolare.	*Mufridi.*	*Mufridi.*
Io era,	Manbudem,	Benidim,
tu eri,	tu budi,	sanidin,
egli era.	un bud.	o idi.
Plurale.	*Gemi.*	*Gomle.*
Noi eravamo,	Mah budim,	Bizidik,
voi eravate,	chuma budit,	siz idiniz,
eglino erano.	u ta budent.	onlar idilar.
PERFETTO COMPOSTO.	MAZI.	MAZI.
Singolare.	*Mufridi.*	*Mufridi.*
Io sono stato,	Man budeem,	Man olmicham,
tu sei stato,	tu bud[illegible],	san olufsan,
egli è stato.	u budeest.	o oluf.
Plurale.	*Gemi.*	*Gomle.*
Noi siamo stati,	Mah bud[illegible],	Biz olmichuk,

Italiano.	*Farsiesco.*	*Turkiesco.*
Voi siate stati,	Chuma budest,	Siz olmichiniz,
eglino siano stati.	uha budeent.	onlar olusţular.
PIUCCHÈ PERFETTO.	GUZACHETA.	KECIMICHI.
Singolare.	*Mufridi.*	*Mufridi.*
Io era stato,	Man budem,	Man olmichetum,
tu eri stato,	tu budi,	san olmichetun,
colui era stato.	u bud.	o olmicheti.
Plurale.	*Gemi.*	*Gomle.*
Noi eravamo stati,	Mah budim,	Biz olmichetuk,
voi eravate stati,	chuma budit,	siz olmichetuniz,
coloro erano stati.	unha budent.	onlar olmichetilar,
FUTURO.	AIANDA.	MUSTEGBAL.
Singolare.	*Mufridi.*	*Mufridi.*
Io sarò,	Man mibachem,	Man oluram,
tu sarai,	tu mibachi,	san olursan,
colui sarà.	u mibachet.	o olur.
Plurale.	*Gemi.*	*Gomle.*
Noi saremo,	Mah mibachim,	Biz oliruk,
voi sarete,	chuma mibachit,	siz olursunuz,
coloro saranno.	uha mibachend.	onlar olular.
IMPERATIVO PRESENTE.	AMR.	AMR.
Singolare.	*Mufridi.*	*Mufridi.*
Sii tu,	Tu bachi,	Olsan,

Italiano.	*Farsiesco.*	*Turkiesco.*
Sia colui.	Un bachet.	Olsun o.
Plurale.	*Gemi.*	*Gomle.*
Siamo noi,	Bachimmah,	Olakbiz,
siate voi,	bachitchuma,	ola siniz siz,
sieno coloro.	bachendunha.	olsunlar onlar.
FUTURO.	AIANDA.	MUSTEGBAL.
Singolare.	*Mufridi.*	*Mufridi.*
Sarai tu,	Mibachit tu,	Olsan san,
sarà colui.	mibachet u.	olsun o.
Plurale.	*Gemi.*	*Gomle.*
Saremo noi,	Mi bachimma,	Olak biz,
sarete voi,	mi bachit chuma,	olasiz siz,
saranno coloro.	mi bachendunha.	olalar onlar.
OTTATIVO IMPERFETTO.	ARAZUIDAR GUZACHETE.	ATAMANNA FIL MAZI.
Singolare.	*Mufridi.*	*Mufridi.*
Dio volesse ch'io fosse,	Kacheman mibudem,	Kachka man olcidum,
che tu fossi,	tu mibudi,	san olcidun,
che colui fosse.	umibud.	o oleidi.
Plurale.	*Gemi.*	*Gomle.*
Che noi fossimo,	Mah mibudim,	Biz oleiduk,
che voi foste,	chuma mibudit,	siz oleidiniz,
che coloro fossero.	uha mibudent.	onlar olcidilar.
IMPERFETTO SECONDO.	NATAMAM.	NATAMAM.
Singolare.	*Mufridi.*	*Mufridi.*
Io sarei,	Man mibudem,	Man olirdum,

Italiano.	*Farsiesco.*	*Turkiesko.*
Tu saresti,	Tu mibudi,	San olirdun,
colui sarebbe.	u mibud.	o olurdi.
Plurale.	*Gemi.*	*Gomle.*
Noi saremmo,	Mah mibudim,	Biz olirduk,
voi sareste,	chuma mibudit,	siz olirdunus,
eglino sarebbero.	uha mibudehent.	onlar olurdilar.
PERFETTO.	HAL.	HAL.
Singolare.	*Mufridi.*	*Mufridi.*
Dio voglia ch' io sia stato;	Kache manbude bachem;	Cacheka man olmicholam,
che tu sii stato,	tu bude bachi,	san olmicheolasan,
che colui sia stato.	u budebachet.	o olmichola.
Plurale.	*Gemi.*	*Gomle.*
Che noi siamo stati,	Mah bude bachim,	Biz olmiche olak,
che voi siate stati,	chuma bude bachit,	siz olmiche olasanz,
che coloro sieno stati.	uha bude bacheent.	onlar olmiche olalar.
PIUCCHÈ PERFETTO PRIMO.	ORAZUI DAR GUZACHETE.	MAZIN TAMANNASY.
Singolare.	*Mufridi.*	*Mufridi.*
Dio volesse ch' io fossi stato,	Kache man buda budem,	Kache man olmiche olejdum,
che tu fossi stato,	tu bude budi,	sin olmiche oleidun,

Italiano.

Italiano.	*Farsiesco.*	*Turkiesco.*
Che colui fosse stato.	U bude bud.	O olmiche olcidi,
Plurale.	*Gemi.*	*Gomle.*
Che noi fossimo stati,	Mah bude budim,	Biz olmiche olciduk,
che voi foste stati,	chuma bude budit,	siz olmiche olcidunuz,
ch'eglino fossero stati.	unha bude budeent.	onlar olmiche olcidilar.
PIUCCHÈ PERFETTO SECONDO.	ORAZUI DAR GUZACHETE.	MAZIN TAMANNASY.
Singolare.	*Mufridi.*	*Mufridi.*
Io sarei stato,	Man bude mibudim,	Man olmiche olirdum,
tu saresti stato,	tu bude mibudit,	san olmiche olirdun,
colui sarebbe stato.	u bude mibud.	o olmiche olurdi.
Plurale.	*Gemi.*	*Gomle.*
Noi saremmo stati,	Mah buda mibudim,	Biz olmiche olirduk,
voi sareste stati,	chuma bude mibudit,	siz olmiche olirdunuz,
eglino sarebbero stati.	unha bude mibudeent.	onlar olmiche olurdilar.
FUTURO.	AIANDA.	MUSTEGBAL.
Singolare.	*Mufridi.*	*Mufridi.*
Dio voglia ch'io sia,	Kache man bachem,	Kache man olame

Italiano.	*Farsiesco.*	*Turkiesco.*
Che tu sii,	Tu bachi,	San olasan,
che colui sia.	u bachet.	o ola.
Plurale.	*Gemi.*	*Gomle.*
Che noi siamo,	Mah bachim,	Biz olak,
che voi siete,	chuma bachit,	siz olasiniz,
che coloro sieno.	unha bachend.	onlar olalar.
CONJUNTIVO PRESENTE.	ISTIFAM.	ISTIFAM.
Singolare.	*Mufridi.*	*Mufridi.*
Benchè io sia,	Mager man bachim,	Mager manisam,
tu sii,	tu bachi,	sanisan,
colui sia.	u bachet.	o isa.
Plurale.	*Gemi.*	*Gomle.*
Noi siamo,	Mah bachim,	Biz isak,
voi siete,	chuma bachit,	siz isaniz,
coloro sieno.	unha bachend.	onlar isalar.
FUTURO.	AIANDA.	MUSTEGBAL.
Singolare.	*Mufridi.*	*Mufridi.*
Quando io sarò stato,	Chivakt man mi bachem,	Acen man olmiche oluram,
tu sarai stato,	tu mi bachi,	san olmiche olursan,
egli sarà stato.	u mi bachet.	o olmiche olur.
Plurale.	*Gemi.*	*Gomle.*
Noi saremo stati,	Mah mi bachim,	Biz olmiche oliruk,
voi sarete stati,	chuma mi bachit,	siz olmiche, olirsiniz,

Italiano.	*Farsiesco.*	*Turkiesco.*
Eglino saranno stati.	Uha mi bachend.	Onlar olmiche olullar.
INFINITIVO PRESENTE.	MASTARI.	MASTARI.
Essere.	Buden.	Olmak.
PASSATO.	GUZACHETE.	KECHIMICHI.
Essere stato.	Budest.	Olmiche.
FUTURO.	AIANDA.	MUSTEGBAL.
Essere, peressere, aver a essere.	Kaedbud, kaedchud.	Olagek, olmak.
GERUNDIO.	BADALIFAEL.	BADALIFAEL.
Essendo.	Chudenist, Budenist.	Olurikan, Oluf.
PERFETTO.	MAZI.	MAZI.
Essendo stato.	Tu bichovet.	Olmiche ikan olunga.
PARTICIPIO.	ISMIFAEL.	ISMIFAEL.
Colui ch' è.	Chudeni.	Olan.
PASSATO.	GUZACHETE.	KECHIMICHI.
Stato.	Chude.	Olmiche.
FUTURO.	AIANDA.	MUSTEGBAL.
Che sarà, o deve essere.	Chudenist.	Olagek.

INDICATIVO PRESENTE.

Singolare.	*Mufridi.*	*Mufridi.*
Io amo,	Man mikaem,	Man sewweram;
tu ami,	tu mikai,	san sewwersan,

Italiano.	*Farsiesco.*	*Turkiesco.*
Colui ama.	U mikaet.	O sewer.
Plurale.	*Gemi.*	*Gomle.*
Noi amiamo,	Mah mikaim,	Biz seweruk,
voi amate,	chuma mikait,	siz sewersiniz,
coloro amano.	uha mikaend.	onlar sewerlar.
IMPERFETTO.	NATAMAM.	NATAMAM.
Singolare.	*Mufridi.*	*Mufridi.*
Io amava,	Man mikastem,	Man seweridum,
tu amavi,	tu mikasti,	san seweridun,
colui amava.	u mikast.	o seweridi.
Plurale.	*Gemi.*	*Gomle.*
Noi amavamo,	Mah mikastim,	Biz seweriduk,
voi amavate,	chuma mikasti,	siz seweridunuz,
coloro amavano.	uha mikasteend.	onlarseweridilar.
PERFETTO SEMPLICE.	MAZI.	MAZI.
Singolare.	*Mufridi.*	*Mufridi.*
Io amai,	Man kastem,	Man sewerdum,
tu amasti,	tu kasti,	siz sewerdun,
egli amò.	u kast.	o sewerdy.
Plurale.	*Gemi.*	*Gomle.*
Noi amammo,	Mah kastim,	Biz seweduk,
voi amaste,	chuma kasti,	siz sewedunuz,
eglino amarono.	uha kastend.	onlar sewedilar.
PERFETTO COMPOSTO.	GUZACHETE.	MAZI.
Singolare.	*Mufridi.*	*Mufridi.*
Io ho amato,	Man kasteem,	Man sewemicham,

Italiano.	*Farsiesco.*	*Turkiesco.*
Tu hai amato,	Tu kastei,	San sewepsan,
colui ha amato.	u kastees.	o sewep.
Plurale.	*Gemi.*	*Gomle.*
Noi abbiamo amato,	Mah kasteim,	Biz sewemichik,
voi avete amato,	chuma kastei,	siz sewepsiniz,
coloro hanno amato.	uha kasteend.	onlar seweptular.
PIUCCHÈ PERFETTO.	GUZACHETE.	KECHIMICHI.
Singolare.	*Mufridi.*	*Mufridi.*
Io aveva amato,	Man kasteeim,	Man sewemichidum,
tu avevi amato,	tu kastei,	san sewemichidun,
colui aveva amato.	u kasteest.	o sewemichite.
Plurale.	*Gemi.*	*Gomle.*
Noi avevamo amato,	Mah kasteim,	Biz sewemichuduk,
voi avevate amato,	chuma kasteit,	siz sewemichidunuz,
eglino avevano amato.	uha kasteend.	onlar sewemichitilar.
FUTURO.	AIANDA.	MUSTECBAL.
Singolare.	*Mufridi.*	*Mufridi.*
Io amerò,	Man bukaem,	Man sewerim,

Italiano.	*Farsiesco.*	*Turkiesco.*
Tu amerai,	Tu bukaï,	San sewesan,
egli amerà.	u bukaet.	o sewesun.
Plurale.	*Gemi.*	*Gomle.*
Noi ameremo,	Mah bukaim,	Biz sewerim,
voi amerete,	chuma bukait,	siz sewesiniz,
eglino ameranno.	uha bukaend.	onlar sewesinlar.
IMPERATIVO.	AMR.	AMR.
Singolare.	*Mufridi.*	*Mufridi.*
Ama tu,	Bukaet tu,	Sew san,
ami egli.	bukaed un.	sewesun o.
Plurale.	*Gemi.*	*Gomle.*
Amiamo noi,	Bukaim mah,	Sewak biz,
amate voi,	bukait chuma,	sewesiniz siz,
amino eglino.	bukaend unha.	sewesinlar onlar.
FUTURO.	AIANDA.	MUSTEGBAL.
Singolare.	*Mufridi.*	*Mufridi.*
Amerai tu,	Bukai tu,	Sewesin san,
amerà colui.	bukaet un.	sewesin o.
Plurale.	*Gemi.*	*Gomle.*
Ameremo noi,	Bukaim mah,	Sewerim biz,
amerete voi,	bukait chuma,	sewesiniz siz,
ameranno coloro.	bukaend unha.	sewesinlar onlar,
OTTATIVO IMPERFETTO PRIMO.	ARAZUIDAR GUZACHETE.	ATAMANNA FILMAZI.
Singolare.	*Mufridi.*	*Mufridi.*
Piacesse à Dio ch'io amassi,	Kach man kastabudem,	Kach man seweidum,

Italiano.	*Farsiesco.*	*Turkiesco.*
Che tu amassi,	Tu kastabudi,	San seweidun,
ch' egli amasse.	u kastabud.	o seweidi.
Plurale.	*Gemi.*	*Gomle.*
Che noi amassimo,	Mah kastabudim,	Biz seweiduk,
che voi amaste,	chuma kastabudit,	siz seweidunuz,
ch'eglino amassero.	uha kasta budeent.	onlar seweidilar.
IMPERFETTO SECONDO.	NATAMAM.	NATAMAM.
Singolare.	*Mufridi.*	*Mufridi.*
Io amerei,	Man mikastem,	Man sewirdim,
tu ameresti,	tu mikasti,	san sewirdin,
egli amerebbe.	u mikast.	o sewirdi.
Plurale.	*Gemi.*	*Gomle.*
Noi ameremmo,	Mah mikastim,	Biz sewirduk,
voi amereste,	chuma mikastit,	siz sewirdunuz,
eglino amerebbero.	uha mikasteend.	onlar sewirdilar.
PERFETTO.	HAL.	HAL.
Singolare.	*Mufridi.*	*Mufridi.*
Dio voglia ch' io abbia amato,	Kache man kastabudem,	Kache man sewimiche olam,
che tu abbia amato,	tu kastabudi,	san sewimiche olasan,
ch'egli abbia amato.	u kastabud.	o sewimichola.

Italiano.	*Farsiesco.*	*Turkiesco.*
Plurale.	*Gemi.*	*Gomle.*
Che noi abbiamo amato,	Mah kastabudim,	Biz sewimiche olak,
che voi abbiate amato,	chuma kastabudi,	siz sewimiche olasiniz,
ch' eglino abbiano amato.	uha kastabudeent.	onlar sewimiche olalar.
PIUCCHÈ PERFETTO PRIMO.	GUZACHETE.	KECHIMICHI.
Singolare.	*Mufridi.*	*Mufridi.*
Dio volesse ch' io avessi amato,	Kache man kastebudem,	Kache man seweseidum,
che tu avessi amato,	tu kastebudi,	san seweseidun,
ch' egli avesse amato.	u kastebud.	o seweseidi.
Plurale.	*Gemi.*	*Gomle.*
Che noi avessimo amato,	Mah kastebudim,	Biz seweseiduk,
che voi aveste amato,	chuma kastebudit,	siz seweseidiniz,
ch' eglino avessero amato.	uha kastebudeent.	onlar seweseidilar.
PIUCCHÈ PERFETTO SECONDO.	ORAZUI DAR GUZACHETÉ.	MAZIN TAMANNASY.
Singolare.	*Mufridi.*	*Mufridi.*
Io avrei amato,	Man kastemichudem,	Man sewemiche olirdum,

Italiano.

Italiano.	*Farsiesco.*	*Turkiesco.*
Tu avresti amato,	Tu kaste michudi,	San sewemiche olirdun,
egli avrebbe amato.	u kaste michud.	o sewemiche olurdi.
Plurale.	*Gemi.*	*Gomle.*
Noi avremmo amato,	Mah kaste michudim,	Biz sewemiche olirduk,
voi avreste amato,	chuma kaste michudi,	siz sewemiche olirdunuz,
eglino avrebbero amato.	unha kastemichudent.	onlar sewemiche olurdilar.
FUTURO.	AIANDA.	MUSTEGBAL.
Singolare.	*Mufridi.*	*Mufridi.*
Dio voglia ch'io ami,	Man bukaem,	Man sewesim,
che tu ami,	tu bukait,	san sewesin,
ch' egli ami.	u bukaed.	o sewer.
Plurale.	*Gemi.*	*Gomle.*
Che noi amiamo,	mah bukaim,	biz sewesik,
che voi amiate,	chuma bukait,	siz sewesiniz,
ch' eglino amino.	unha bukaend.	onlar sewesinlar.
INFINITO.	MASTARI.	MASTARI.
Amare.	Kasten.	Sewemak.
GERUNDIO.	BADALIFAED.	BADALIFAEL.
Amando.	Kaed.	Sewemaghin.
PARTICIPIO PRESENTE.	ISMIFAEL.	ISMIFAEL.
Amante, o colui che ama.	Kasteni.	Sewan.

Italiano.	*Farsiesco.*	*Turkiesco.*
PASSATO.	GUZACHETE.	KECHIMICHI.
Amato.	Kasten.	Sewemak.
FUTURO.	AIANDA.	MUSTEGBAL.
Ch' è da amare.	Kaendeest.	Sewegek.

INDICATIVO PRESENTE.

Singolare.	*Mufridi.*	*Mufridi.*
Ió temo,	Man mitarsem,	Man corkiram,
tu temi,	tu mitarsi,	san corkirsan,
egli teme.	u mitarsed.	o corkir.
Plurale.	*Gemi.*	*Gomle.*
Noi temiamo,	Mah mitarsim,	Biz corkiruk,
voi temete,	chuma mitarsid,	siz corkirsinuz,
eglino temono.	unha mitarseend.	onlar corkirlar.
IMPERFETTO.	NATAMAM.	NATAMAM.
Singolare.	*Mufridi.*	*Mufridi.*
Io temeva,	Man mitarsidem,	Man corkardum,
tu temevi,	tu mitarsidi,	san corkardun,
egli temeva.	u mitarsid.	o corkardi.
Plurale.	*Gemi.*	*Gomle.*
Noi temevamo,	Mah mitarsidim,	Biz corkarduk,
voi temevate,	chuma mitarsidi,	siz corkardunuz,
eglino temevano.	unha mitarseend.	onlar corkardilar.
PERFETTO SEMPLICE.	MAZI.	MAZI.
Singolare.	*Mufridi.*	*Mufridi.*
Io temei, o temetti,	Man tarsidem,	Man corktum,

Italiano.	*Farsiesco.*	*Turkiesco.*
Tu temesti,	Tu tarsidi,	San corktun,
egli temè, o temette.	u tarsid.	o corkti.
Plurale.	*Gemi.*	*Gomle.*
Noi tememmo,	Mah tarsidim,	Biz corktuk,
voi temeste,	chuma tarsidit,	siz corktunuz,
eglino temerenno.	unha tarsident.	onlar corktilar.
PERFETTO COMPOSTO.	MAZI.	MAZI.
Singolare.	*Mufridi.*	*Mufridi.*
Io ho temuto,	Man tarsidem,	Man corkmicham,
tu hai temuto,	tu tarsidi,	san corkupsan,
egli ha temuto.	u tarsided.	o corkup.
Plurale.	*Gemi.*	*Gomle.*
Noi abbiamo temuto,	Mah tarsidim,	Biz corkmichuk,
voi avete temuto,	chuma tarsidit,	siz corkupsinuz,
coloro hanno temuto.	unha tarsident.	onlar corkuptular.
PIUCCHÈ PERFETTO.	MAZI.	MAZI.
Singolare.	*Mufridi.*	*Mufridi.*
Io aveva temuto,	Man tarsidabudem,	Man corkmichetum,
tu avevi temuto,	tu tarsidabudi,	san corkmichetun,

Italiano.	*Farsiesco.*	*Turkiesco.*
Egli aveva temuto.	U tarsidabud.	O corkmichti.
Plurale.	*Gemi.*	*Gomle.*
Noi avevamo temuto,	Mah tarsidabudim,	Biz corkmichtuk,
voi avevate temuto,	chuma tarsidabudit,	siz corkmichtunuz,
eglino avevano temuto.	unha tarsidabudeent.	onlar corkmichtilar.
FUTURO.	AIANDA.	MUSTEGBAL.
Singolare.	*Mufridi.*	*Mufridi.*
Io temerò,	Man bitarsim,	Man corkim,
tu temerai,	tu bitarsi,	san corkasan,
egli temerà.	u bitarsed.	o corksun.
Plurale.	*Gemi.*	*Gomle.*
Noi temeremo,	Mah bitarsim,	Biz corkak,
voi temerete,	chuma bitarsid,	siz corksanz,
eglino temeranno	unha bitarseend.	onlar corkalar.
IMPERATIVO.	AMR.	AMR.
Singolare.	*Mufridi.*	*Mufridi.*
Temi tu,	Bitars tu,	Cork san,
tema colui,	bitarsedun u,	çorksun o.
Plurale.	*Gemi.*	*Gomle.*
Temiamo noi,	Bitarsem mah,	Corkak biz.
temete voi,	bitarsit chuma,	corkasanzsiniz siz,
temano coloro.	bitarsed unha.	corksunlar onlar.

Italiano.	*Farsiesco.*	*Turkiesco.*
OTTATIVO IMPERFETTO.	ARAZUIDAR GUZACHETE.	ATAMANNA FIL MAZI.
Singolare.	*Musridi.*	*Musridi.*
Dio volesse ch'io temessi,	Kach man mitarsidem,	Kach kamancorkeidum,
che tu temessi,	tu mitarsidi,	san corkeidun,
ch' egli temesse.	u mitarsid.	o corkeidi.
Plurale.	*Gemi.*	*Gomle*
Che noi temessimo,	Mah mitarsidim,	Biz çorkeíduk,
che voi temeste,	chuma mitarsidi,	siz corkeidunuz,
ch' eglino temessero.	unhamitarsident.	onlar corkeidilar.
IMPERFETTO SECONDO.	NATAMAM.	NATAMAM.
Singolare.	*Musridi.*	*Musridi.*
Io temerei,	Man mitarsidem,	Man corkardum,
tu temeresti,	tu mitarsidi,	san corkardun,
egli temerebbe.	u mitarsid.	o corkardi.
Plurale.	*Gemi.*	*Gomle.*
Noi temeremmo,	Mah mitarsidim,	Biz corkarduk,
voi temereste,	chuma mitarsidit,	siz corkardunuz,
eglino temerebbero.	unha mitarsideent.	onlar corkardilar.
PERFETTO.	HAL.	HAL.
Singolare.	*Musridi.*	*Musridi.*
Dio voglia ch' io abbia temuto,	Kach man bitarsem,	Kach man corkmicholam,

Italiano.	*Farsiesco.*	*Turkiesco.*
Che tu abbi temuto,	Tu bitarsi,	San corkmich-olasan,
ch' egli abbia temuto.	u bitarsed.	o corkmichola.
Plurale.	*Gemi.*	*Gomle.*
Che noi abbiamo temuto,	Mah bitarsim,	Biz corkmichol-sak,
che voi abbiate temuto,	chuma bitarsid,	siz corkmichol-sanz,
ch' eglino abbiano temuto.	unha bitarsend.	onlar cokmiche olsalar.
PIUCCHÈ PERFETTO.	GUZACHETE.	KECIMICHI.
Singolare.	*Mufridi.*	*Mufridi.*
Dio volesse ch'io avessi temuto,	Kach man tarsidabudem,	Kach man corkmich oleidum,
che tu avessi temuto,	tu tarsidabudi,	san corkmich oleidun,
ch' egli avesse temuto.	u tarsidabud.	o corkmich oleidi.
Plurale.	*Gemi.*	*Gomle.*
Che noi avessimo temuto,	Mah tarsidabudem,	Biz corkmich oleiduk,
che voi avreste temuto,	chuma tarsidabudit,	siz corkmich oleidunuz,
ch' eglino avessero temuto.	unha tarsidabudent.	onlar corkmich oleidilar.

Italiano.	*Farsiesco.*	*Turkiesco.*
FUTURO.	AIANDA.	MUSTEOBAL.
Singolare.	*Mufridi.*	*Mufridi.*
Dio voglia ch' io tema,	Kach man bistarsem,	Kach man corkim,
che tu temi,	tu bitarsei,	san corkasan,
ch' egli tema,	u bitarsed.	o korka.
Plurale.	*Gemi.*	*Gomle.*
Che noi temiamo,	Mah bitarsim,	Biz corkak,
che voi temiate,	chuma bitarsid,	siz corkasiz,
ch' eglino temano.	unha bitarsend.	onlar corksunlar.
INFINITO.	MASTARI.	MASTARI.
Temere.	Tarsiden.	Corkmak.
GERUNDIO.	BADALIFAEL.	BADALIFAEL.
Temendo.	Tarsan.	Corkmaghinan.
PARTICIPIO PRESENTE.	ISMIFAEL.	ISMIFAEL.
Temente.	Tarsande.	Corkan.
PASSATO.	GUZACHETE.	KECIMICHI.
Temuto.	Tarside.	Corkmich.
FUTURO.	AIANDA.	MUSTEOBAL.
Che ha da temere.	Mitarsed.	Corkagak.

INDICATIVO PRESENTE.

Singolare.	*Mufridi.*	*Mufridi.*
Io leggo,	Man mikanem,	Man okuram,
tu leggi,	tu mikani,	san okursan.

Italiano.	*Farsiesco.*	*Turkiesco.*
Egli legge.	U mikaned.	o okur.
Plurale.	*Gemi.*	*Gomle.*
Noi leggiamo,	Mah mikanim,	Biz okuruk,
voi leggete,	chuma mikanit,	siz okursunuz,
coloro leggono.	unha mikanend.	onlar okurlar.
IMPERFETTO.	GUZACHETE.	KECIMICHI.
Singolare.	*Mufridi.*	*Mufridi.*
Io leggeva,	Man mikandem,	Man okurdum,
tu leggevi,	tu mikandi,	san okurdun,
egli leggeva.	u mikand.	o okurdi.
Plurale.	*Gemi.*	*Gomle.*
Noi leggevamo,	Mah mikandim,	Biz okurduk,
voi leggevate,	chuma mikandet,	siz okurdunuz,
eglino leggevano.	unha mikandent.	onlar okurdilar.
PERFETTO SEMPLICE.	MAZI.	MAZI.
Singolare.	*Mufridi.*	*Mufridi.*
Io lessi,	Man kandeem,	Man okudum,
tu leggesti,	tu kandi,	san okudun,
egli lesse.	u kand.	o okudi.
Plurale.	*Gemi.*	*Gomle.*
Noi leggemo,	Mah kandiim,	Biz okuduk,
voi leggeste,	chuma kandit,	siz okudunuz,
eglino lessero.	unha kandeent.	onlar okudilar.
PERFETTO COMPOSTO.	GUZACHETE.	KECIMICHI.
Singolare.	*Mufridi.*	*Mufridi.*
Io ho letto,	Man kandeim,	Manokumicham,

Italiano.

Italiano.	*Farsiesco.*	*Turkiesco.*
Tu hai letto,	Tu kandeit,	San okuipsan,
egli ha letto.	u kandeès.	o okiuptur.
Plurale.	*Gemi.*	*Gomle.*
Noi abbiamo letto,	Mah kandeim,	Biz okumichuk;
voi avete letto,	chuma kandeit,	siz okiupsiniz,
coloro hanno letto.	unha kandeent.	onlar okiuptular.
PIUCCHÈ PERFETTO.	GUZACHETE.	KECIMICHI.
Singolare.	*Mufridi.*	*Mufridi.*
Io aveva letto,	Man kantabudem,	Man okumichtum,
tu avevi letto,	tu kantabudi,	san okumichtun,
egli aveva letto.	u kantabudud.	a okumichti.
Plurale.	*Gemi.*	*Gomle.*
Noi avevamo letto,	Mah kandebudeim,	Biz okumichtuk,
voi avevate letto,	chuma kandebudeit,	siz okumichtunuz,
eglino avevano letto.	unha kandebudeent.	onlar okumichtilar.
FUTURO.	AIANDA.	MUSTECBAL.
Singolare.	*Mufridi.*	*Mufridi.*
Io leggerò,	Man bukanem,	Man okiim,
tu leggerai,	tu bukani,	san okiasan,
egli leggerà.	u bukaned.	o okusun.

Italiano.	*Farsiesco.*	*Turkiesco.*
Plurale.	*Gemi.*	*Gomle.*
Noi leggeremo,	Mah bukanim,	Biz okiak,
voi leggerete,	chuma bukanit,	siz okiasiniz,
eglinoleggeranno	unha bukanend.	onlar okusunlar.
IMPERATIVO.	AMR.	AMR.
Singolare.	*Mufridi.*	*Mufridi.*
Leggi tu,	Bukan tu,	Oku san,
legge colui.	bukanet u.	okusun o.
Plurale.	*Gemi.*	*Gomle.*
Leggiamo noi,	Bukanim mah,	Okiak biz,
leggete voi,	bukanit chuma,	okiasiniz siz,
leggano coloro.	bukanend unha.	okusunlar onlar.
OTTATIVO IMPERFETTO PRIMO.	ORAZUI DAR GUZACHETE.	MAZIN TAMANNASY.
Singolare.	*Mufridi.*	*Mufridi.*
Dio volesse ch'io leggessi,	Kach man mikandem,	Kach man okieidum,
che tu leggessi,	tu mikandi,	san okieidun,
ch'egli leggesse.	u mikand.	o okieidi.
Plurale.	*Gemi.*	*Gomle.*
Che noi leggessimo,	Mah mikandim,	Biz okieiduk,
che voi leggeste,	chuma mikandit,	siz okieidunuz,
ch'eglino leggesro.	unha mikandeent.	onlar okieidilar.
IMPERFETTO SECONDO.	NATAMAM.	NATAMAM.
Singolare.	*Mufridi.*	*Mufridi.*
Io leggerei,	Man mikandeem,	Man okurdum,

Italiano.	*Farsiesco.*	*Turkiesco.*
Tu leggeresti,	Tu mikandei,	San okurdun,
egli leggerebbe.	u mikandet.	o okurdi.
Plurale.	*Gemi.*	*Gomle.*
Noi leggeremmo,	Mah mikandeim,	Biz okurduk,
voi leggereste,	chumamikandeit,	siz okurdunuz,
eglino leggerebbero.	unha mikandeent.	onlar okurdilar.
PERFETTO.	HAL.	HAL.
Singolare.	*Mufridi.*	*Mufridi.*
Dio voglia ch' io abbia letto,	Kach man kandabudem,	Kach man okumicholam,
che tu abbi letto,	tu kandabudi,	san okumicholasan,
ch'egli abbia letto.	u kandabud.	o okumichola.
Plurale.	*Gemi.*	*Gomle.*
Che noi abbiamo letto,	Mah kandabudim,	Biz okumich olak,
che voi abbiate letto,	chuma kandabudit,	siz okumich olasiniz,
ch' eglino abbiano letto.	unha kandabudeent.	onlar okumich olalar.
PIUCCHÈ PERFETTO.	GUZACHETE.	KECIMICHI.
Singolare.	*Mufridi.*	*Mufridi.*
Dio volesse ch' io avessi letto,	Kach man kandamibudem,	Kach man okumich oleidum,
tu avessi letto,	tu kandamibudi,	san okumich oleidun,

Italiano.	*Farsiesco.*	*Turkiesco.*
Egli avesse letto.	U kandamibud.	Ookumicholeidi.
Plurale.	*Gemi.*	*Gomle.*
Noi avessimo letto,	Man kandamibudem,	Biz okumich oleiduk,
voi aveste letto,	chuma kandamibudit,	siz okumich oleidunuz,
eglino avessero letto.	unha kandamibudent.	onlar okumich oleidilar.
FUTURO.	AIANDA.	MUSTEGBAL.
Singolare.	*Mufridi.*	*Mufridi.*
Dio voglia ch' io legga,	Kach man bukanem,	Kach man okiam,
tu leggi,	tu bukani,	san okiasan,
egli legga.	u bukanet.	o okia.
Plurale.	*Gemi.*	*Gomle.*
Noi leggiamo,	Mah bukanim,	Biz okiak,
voi leggiate,	chuma bukanit,	siz okiasiz,
eglino leggano.	unha bukanend.	onlar okialar.
INFINITO.	MASTARI.	MASTARI.
Leggere.	Kanden.	Okumak.
GERUNDIO.	BADALIFAEL.	BADALIFAEL.
Leggendo.	Kandeni,kanden.	Okumaginan, okia.
PARTICIPIO.	ISMIFAEL.	ISMIFAEL.
Leggente.	Kanende.	Okian.
PASSATO.	GUZACHETE.	KECIMICHI.
Letto.	Kandechude.	Okumiche.
FUTURO.	AIANDA.	MUSTEGBAL.
Chehadaleggere.		Okiagek.

www.ingramcontent.com/pod-product-compliance
Ingram Content Group UK Ltd.
Pitfield, Milton Keynes, MK11 3LW, UK
UKHW021045200726
13857UKWH00003B/823

9 782012 890077